博览·实践·创新

BOLAN SHIJIAN CHUANGXIN

闵恩泽　著

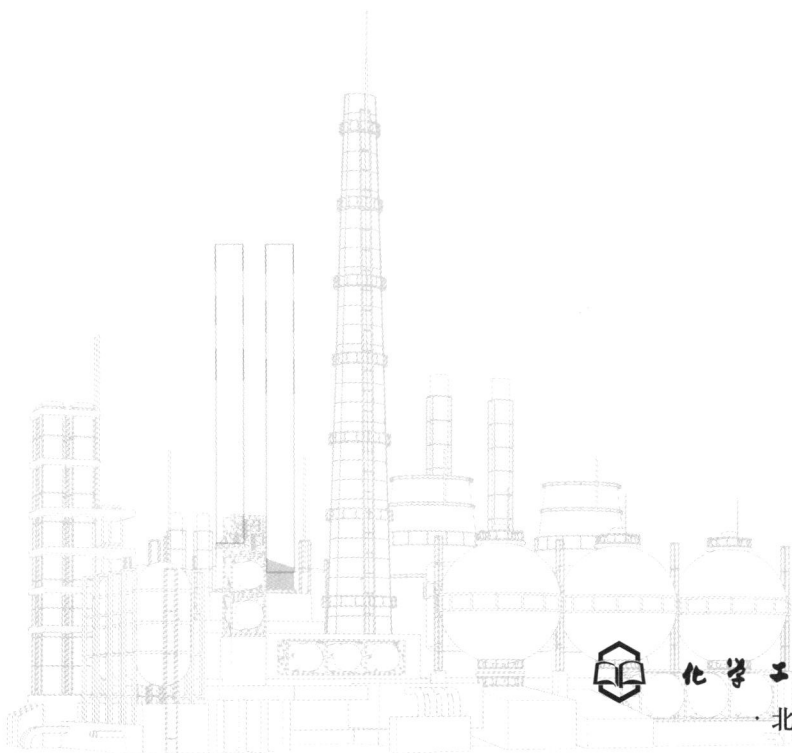

化学工业出版社

·北京·

本书首先介绍了国外技术跨越式进步的规律——原始创新必须转移技术的科学知识基础；然后介绍了国外20世纪在新催化材料、新反应工程和新反应领域原始创新的案例，以及作者亲自参与的这三方面的创新案例。本书更新颖的是介绍了21世纪国外创新的多样性发展，包括美国总统绿色化学挑战奖和《ICIS化学商情》杂志评选的创新奖中案例的内容，说明了国外的创新已不只限于产品和工艺创新，而是已扩展至营销创新、社会责任创新、最佳环保效益创新以及规划创新、咨询创新等，大大扩展了创新的视野。

本书适合从事石油化工和石油炼制相关专业研究人员和管理人员阅读参考，也适合从事精细化学品绿色化学和新能源领域方面的研究人员参考。

图书在版编目（CIP）数据

博览 实践 创新／闵恩泽著．—北京：化学工业出版社，
2013.1（2025.8 重印）
ISBN 978-7-122-15989-2

Ⅰ．①博…　Ⅱ．①闵…　Ⅲ．①石油炼制 - 创造发明 -
案例②石油化工 - 创造发明 - 案例　Ⅳ．① TE62 ② TE65

中国版本图书馆 CIP 数据核字（2012）第 290455 号

责任编辑：戴燕红　卢萌萌　　　　　　　　文字编辑：丁建华
责任校对：王素芹　　　　　　　　　　　　装帧设计：刘丽华

出版发行：化学工业出版社（北京市东城区青年湖南街13号　邮政编码100011）
印　　装：北京云浩印刷有限责任公司
710mm×1000mm　1/16　印张10½　字数132千字　2025年8月北京第1版第6次印刷

购书咨询：010-64518888　　　　　　　　售后服务：010-64518899
网　　址：http://www.cip.com.cn
凡购买本书，如有缺损质量问题，本社销售中心负责调换。

定　　价：48.00元　　　　　　　　　　　　版权所有　违者必究

  闵恩泽院士是中国科学院、中国工程院资深院士，我国炼油催化应用科学的奠基人，石油化工技术自主创新的先行者，绿色化学的开拓者，荣获2007年国家最高科学技术奖。2010年，在创新方法研究会主办的高层论坛上，他以《寻路——方法、创新、转变》为题做了主旨报告，获得高度评价。2011年，他荣获首届创新方法研究会"创新方法成就奖"。

  闵院士的新著《博览　实践　创新》一书以"原始创新必须转变技术的科学知识基础"为纲，剖析国内外原始创新案例，从创新构思形成、实践实施，探讨创新方法。本书收集的国外案例包括20世纪60年代以来石油炼制、石油化工、新催化材料、新反应工程和新反应研发的原始创新案例，1995年以来美国总统绿色化学奖的获奖项目，2009年以后美国《ICIS化学商情》杂志的创新奖项目。从中我们可以领悟到创新方法的道路是广阔的。特别是近年来，国外的创新不再只限于产品和工艺创新，已扩展至营销创新、社会责任创新、最佳环保效益创新以及规划创新、咨询创新等，这些内容更大大开阔了创新和创新方法的视野。本书收集的国内案例是闵恩泽院士亲自参加、组织研发的成功创新案例。他从国家需要出发，在石油化工新催化材料、新反应工程、新反应等方面进行了大量创新实践，本书对这些实践中原始创新构思的形成、实验室研发和攻克难关迈向工业化的过程，做了详尽、贴切的论述。创新工作必然要经历"实践、创新、再实践、再创新"的过程。闵院士对创新方法的论述如"春风化雨"，让读者更能感同身受，"润物细无声"。

《博览　实践　创新》一书的出版，必将有助于推动创新方法研究的发展，也将对各领域的创新实践发挥重要作用。

是为序。

创新方法研究会理事长

2012年11月1日

前言

　　2008年我为《创新中国丛书》撰写了《石油化工——从案例探寻自主创新之路》一书，出版后获得好评，随即再版。此书出版时，中国科学院院士白春礼作序认为"这是一本谈创新的书。流连其中，'创新'二字已不再是空洞抽象的字眼，而是变得鲜活生动起来"。

　　这本书出版后，从2009年起，我又有了自己参与的创新案例；同时又收集了1995年以来美国总统绿色化学挑战奖和2009年以后美国《ICIS化学商情》杂志颁发的创新奖。这些创新使我大大开拓了视野，国外的创新已不只限于产品和工艺创新，而是已扩展至营销创新、社会责任创新、最佳环保效益创新以及规划创新、咨询创新等。

　　2001年，我在"2010创新方法高层论坛"上作了题为《寻路——方法·创新·转变》的主题报告。重点阐述了原始创新思路的形成、原始创新转化为工业幼苗的基础、克服迈向工业化道路的崎岖历程以及推动企业转变经济增长方式的模式，报告获得了好评，并获得首届"创新方法研究会创新方法成就奖"。这激励我要把目前收集到的材料加以整理，再写一本关于从创新案例，探讨创新方法的书。

更为重要的是，国家在"十二五"科技发展规划时，明确提出科技要"以科学发展为主题，以支撑加快转变经济发展方式为主线，以提高自主创新能力为核心"；在自主创新中，又明确"原始创新是我国科技发展的灵魂，是民族发展的不竭动力，是支持国家崛起的筋骨"，要求培育新的经济增长点，抢占国际经济科技制高点。再写一本有关创新方法的书，也是符合国家科技发展的需要。

首先要感谢张晓昕与我一起讨论本书框架、帮助收集资料，不断讨论，修改，直至定稿，还要感谢谢文华、胡见波博士对稿件修改等方面的帮助，也感谢四川大学化学学院李贤均教授提出宝贵的修改意见，同时感谢中国石油化工集团公司、石油化工科学研究院有关领导的支持与鼓励。

2012 年 11 月于北京

目　录

第七章　国外新反应创新案例 …………………………… 93

第八章　参与实践的国内新反应案例 ………………… 107

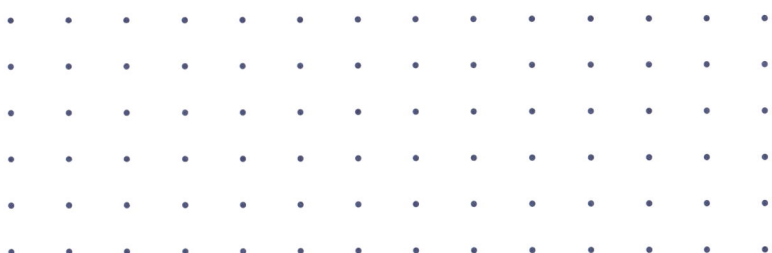

第一章

原始创新必须转移技术的科学知识
基础——技术进步S形曲线的启示

　　1991年J.F.罗斯（J. F. Roth）在《催化科学与技术》上发表了《工业催化：寻求新一代的重大发明》一文[1]，它使我第一次了解了R.佛斯特（Richard Foster）在《创新：进攻者的优势》一书中提出的技术进步的规律。技术进步的规律遵循一个S形曲线的发展周期，见图1-1。在开发一个新产品和新工艺的初期，投入人力、物力后，技术进步比较缓慢，这是起始期，直到发现了一个有意义的开端，这时科研工作迅速进展，也加速了技术进步；之后，技术会不断改进，加速成长，进入加速成长期；最后，技术进步又会变得困难，进展速度减慢，最后进展十分缓慢。这时，技术进步已到了成熟期，也就是到了发展的极限，要想取得显著的进展将会变得更为困难。1930～1980年间，化学工业中的重大新技术开发就遵循了这种S形曲线的技术进步规律。每种技术都有其发展极限，当达到了极限时技术进步十分缓慢。技术的进一步发展将通过一种"技术非连续式"——即转移到一个全新的和完全不同的科学知识基础上来实现，如图1-2所示。

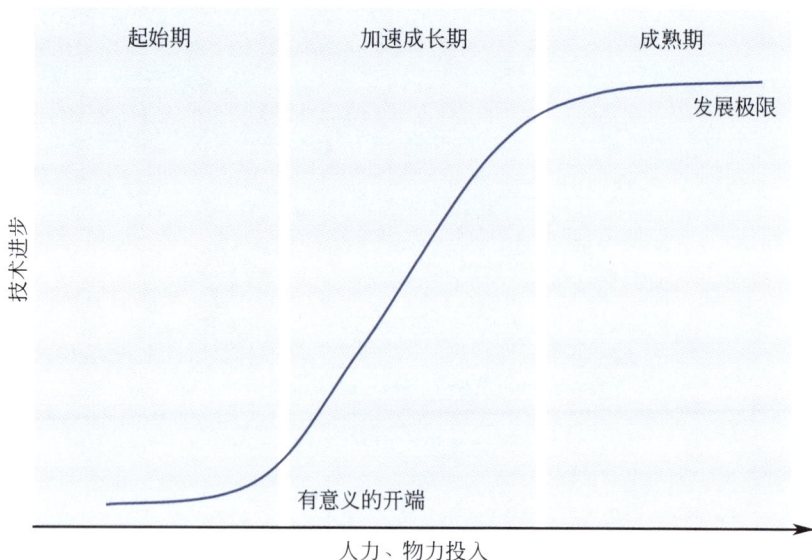

图1-1　连续式技术进步

　　图1-2所示为一对有间隔的S形曲线表示的"连续式"和"非连

续式"技术进步。曲线A表示原有的技术进步，曲线B表示在另一个全新的科学知识基础上的原有技术的非连续式技术进步，构成了一种技术代替另一种技术产生的转移。当非连续式技术进步产生时，70%的情况下技术领先地位易手。这就意味着绝大多数情况下，现有技术的领先者不再是领先者。非连续式技术的发明创造人，要具有深刻的洞察力去认识现有技术的极限，设想出绕过它们去开拓的可能途径，并把这些构思成功地变为现实。

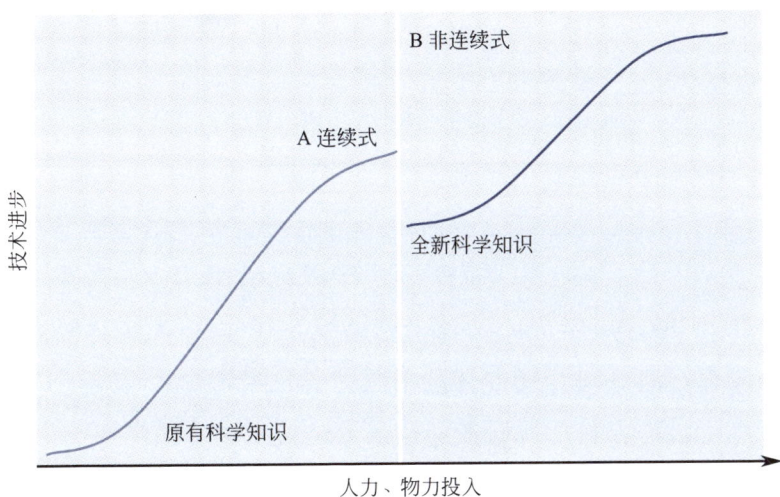

图1-2 非连续式技术进步

2007年5月我阅读了哈佛管理导师选书，创新系列《第三代研发》一书后[2]，我惊奇地发现，书中所引的论述仍源自1986年《创新：进攻者的优势》一书。书中S形曲线以"技术进步变化范围"代替"技术进步"为纵坐标，以"技术成熟度"代替"投入"为横坐标，绘出图1-3所示的"以成熟度表示的技术成长特征图"。

从图1-3中可以看出，一个技术的出现，要从培育期开始，再到成长期和成熟期，进入衰老期后，技术进步缓慢。这时，技术就要被另一技术所取代。书中列举了从第一台机械打字机到现在的PC机的例子来说明。第一台机械打字机代替钢笔和手，大大提高了效率，后来又有了电动打字机，成为主要技术。这一进步使电动打字机的后继

3

者——文字处理机，以及现在PC机等成为可能。这些前沿科技带来的非连续式技术进步已经不是最初意义的"打字机"了！

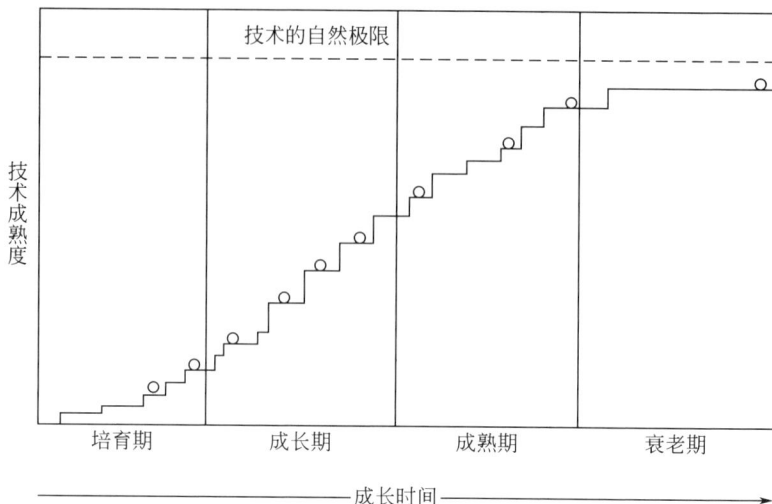

图1-3　以成熟度表示的技术成长特征

早在20世纪90年代，国外十分重视寻找非连续性技术进步。其原因是现有石油炼制、基本有机原料生产的催化技术，经过几十年的不断改进，已趋成熟，科研费用投入大，技术进步的产出小，而且从原有这些催化技术的科学和技术基础，进一步开发也难以满足今后环保、安全、保健等对技术提出的日益严格的要求，所以要另辟蹊径。1992年美国国家研究委员会出版的《催化展望》（" Catalysis Looks to the Future"）[3]一书中指出：由于大宗化工产品的生产技术日益成熟，未来的重大进展将来自非连续性技术进步。与现有技术的改进相比，这些非连续技术进步为催化技术的开发提供了重大的机会。我们能够认识并确定用催化技术生产的几乎所有产品的现有技术的极限，而且在大多数情况下，也能设想一条或一条以上取得重大进展的可能途径。

1990年美国《化学与工程新闻》在《90年代化学面临的挑战》的专题报道中，介绍了美国埃克森化学公司副总裁J.F.Berthiaux的发言[4]。他指出：工艺技术将从渐进性的改进转移到完全不同于现有途

4

径的开发。例如，采用新原料直接生产有机化学品、采用新的分离过程与择形催化。

1993年东京大学Misono教授在第12届北美催化会议上所作的《日本工业催化的研究方向》报告中[5]也强调，"要寻找新的不同类型的催化剂，争取技术突破"。

1992年美国一家著名的石油化工研究开发公司介绍，在该公司所开展的研究课题中，通过非连续技术进步，寻找技术突破（Technology Breakthrough）的课题占16%。

现在我们从石油炼制和石油化工中重大技术的发明，来看看它们是怎样从原有的科学知识基础上实现转移的。

先看20世纪60年代被誉为"炼油工业技术革命"的分子筛裂化催化剂，它是催化剂的裂化组元由原来的无定形硅铝的表面催化，转移到结晶硅铝（即分子筛）的晶内催化去实现的，也就是这一发明是由发现新催化材料——分子筛引起的。由于在床层流化床反应器中反应时间过长，达几分钟，使分子筛催化剂上大量积炭，高活性优势不能充分发挥，于是开发了反应时间为几秒钟的提升管反应器，这是在反应工程中转移科学知识基础带来的原始创新案例[6]。

再看看我自己的实践。从1925年起，雷尼镍广泛用于有机合成的加氢反应中，雷尼镍是晶型，将其科学知识基础转移到非晶态，发现其加氢活性大幅度提高，实现了跨越式发展。非晶态骨架镍还具有磁性，于是用磁稳定流化床反应器来代替原来的釜式搅拌反应器，就具有空速高、加氢反应深度更好等优点，这是反应工程科学知识基础转移的实例，同时也是新催化材料与新反应工程集成创新的实例[7]。

新反应的发现或原有反应的新应用往往也带来原始创新，如醋酸的生产原为1959年发明的Wacker法，将乙醛氧化为醋酸。1970年美国孟山都公司发明甲醇低压羰化法。原料甲醇便宜，选择性高、副反应少，产品质量好。甲醇羰化法在技术上和经济上都明显优于乙醛氧化法，迅速占领了市场。这是一个新反应的发现和应用导致的原始创新，实现了技术的跨越式发展[8]。

在这方面，也有我们的实践：化学纤维己内酰胺单体的生产中，环己酮氨肟化是关键一步。原采用氨氧化、NO_x 吸收、羟胺化、肟化等四步反应来完成。现在采用钛硅分子筛环己酮氨肟化一步法"原子经济"反应来完成。大幅度降低设备投资和生产成本以及废气排放。这也说明新反应的应用是创造发明新工艺的基础[7]。

归纳以上：

（1）实现原始创新，必须把原有技术的科学知识基础转移到一个全新的科学知识基础上。

（2）新催化材料是创造发明新催化剂和新工艺的源泉。

（3）新反应工程是开发新工艺的必由之路。

（4）新反应的发现是发明新工艺的基础。

这也指明我们必须在新催化材料、新反应工程和新反应领域中开展导向性基础研究，积累新科学知识，帮助形成新构思去创新技术。

最后，我要强调的是实现原始创新必须把原有技术的科学知识基础转移到一个全新的科学知识基础上来，这不仅适用于石油炼制和石油化工行业，而且还适用于其他行业。在我们日常生活中也不乏这类案例：电视机从阴极射线的摄像管转为液晶显示；照相机从胶片摄影转移到数码照相；火车由蒸汽机车到柴油机车（又称内燃机车），再到电气机车，每一次这种跨越式的发展，都是转移了技术的科学知识基础。

第二章

20世纪60年代国外炼油工业基础工艺的发明案例

作为一个石油炼制催化剂的科技人员，有必要了解20世纪60年代现代炼油工业基础的流态化催化裂化、异丁烷/丁烯烷基化、轻柴油加氢裂化、铂重整发明和创新的历史，从中探寻发明、创新的启示。

2.1 流态化催化裂化的发明

流态化催化裂化工艺的诞生是炼油工艺技术的非常重要的成就。流态化催化裂化是炼油厂将重油转化为高辛烷值汽油、柴油、液化气的重要装置，目前流化催化裂化已发展到提升管催化裂化，还开发了多种形式的再生器，原料从重油已发展到掺炼渣油。我国催化裂化已达6000多万吨/年，处于世界第二位，催化裂化掺炼渣油，处于首位。由于催化裂化对我国如此重要，因此，回顾20世纪50年代床层流态化催化裂化的发明，探讨这一新发明如何出现，具有重要意义。

2.1.1 催化裂化研发到工业化历程

美国埃克森（Exxon）研究与工程公司的C.E.Jahnig、H.Z.Martin和D.L.Campbell等撰写了"流化催化裂化的发展"一文[9]，文章详细论述了流态化技术（Fluidized Solid Technique）成就——从概念到工业化仅用了三年时间。这篇论文叙述了流态化技术在新泽西标准石油公司（The Standard Oil Company of New Jersey，现Exxon公司的一部分）的研发历程，介绍了Exxon公司获得的四项基本专利：①流化床（Fluid Bed）；②流态化竖管（Fluidized Standpipe）；③系统集成

（The Integrated System）；④下流式设计（The Downflow Design）。

流态化催化裂化研发过程如下：

（1）流态化催化裂化的起步始于发现废白土有催化裂化作用。1934年将润滑油精制的废白土，与原料油混合，经过加热，能生产更多汽油。说明酸性催化剂能催化重油裂化，这就奠定了流态化催化裂化的化学反应基础。

（2）如何在大型催化裂化装置上实现上述反应，最开始采用的是片状催化剂的多种固定床和移动床反应器，系统研究发现这类系统既不高效也不经济，于是，决定采用粉状催化剂，建成一套100B/d（1B＝158.987L）中型装置进行试验。

（3）早在1940年，美国麻省理工学院的 W. K. Lewis 对密相流化床反应器进行了试验，突破性的发现是流化颗粒在气速为 $1 \sim 3$ft/s（1ft＝0.3048m）的流速下仍能维持稳定，这远高于Stoke定律计算的颗粒沉降速度（不大于0.1ft/s），Stoke定律只适用于单个颗粒，不适用于粒子群。这就为开发流态化催化裂化反应器奠定了科学基础。

（4）另一重要发现：流化颗粒在竖管中形成的柱可以挤压聚集在一起的粉状催化剂，使其从低压区运转到高压区，这样催化剂粉就起了"热传递"的作用，将再生器中大量的剩余能量转移到反应器中去推动裂化，使流态化催化裂化达到"热平衡"，大大降低了能耗，从经济上降低了运转成本。

后来又发现原料油可以以流态注入反应器，而不仅仅以气态形式，进一步利用了催化剂从再生器带来的热量。当时曾担心这样操作可能会导致油与粉状催化剂形成泥浆堵塞催化剂的循环通道，不过在工业装置的运转上未发现这一现象。

此外，在设计、施工中还解决了旋风分离器、滑阀、膨胀节、耐高温材质、自动化控制、催化剂供应等环节的问题。

第一套流化床催化裂化工业装置为上行式，对其运转结果进行分析后，从催化剂的流动和循环看，认为改为下行式更优越。于是，1941年起对100B/d中试装置，改建为下行式以开发新工艺。

同时新泽西标准石油公司又建设了5套下行式流化床催化裂化装置，其中第一套于1941年中期投产。至此，流化床催化裂化走完了研发的历程。

在美国流化床催化裂化的研发和工业化过程中，正处于第二次世界大战前夕，美国"战时石油管理局"（Petroleum Administration for War）组成催化研究协会（Catalytic Research Association），其中参加的公司包括新泽西标准石油公司、印第安纳标准石油公司、凯洛格工程公司、法本（德国）公司，以及后来加入的英国石油、英荷壳牌、德士古、环球油品公司等。这些生产市场上的对手，在技术创新上同心协力搞合作。值得注意的是，联合体内不仅包含了未来的应用企业，还吸纳了凯洛格工程公司和擅长工艺研发的环球油品公司，整合各家优势，并很快转化为商业化装置，创造了良好的技术创新模式。技术革命产生了巨大的经济和社会效益。流态化催化裂化技术的突破，帮助石油公司迅速扩大轻质油品的生产，满足社会对汽油和柴油的需求，在第二次世界大战中帮助盟军取得胜利立了大功。

2.1.2 催化裂化发明的启示

（1）当时炼油企业以及第二次世界大战对汽油、柴油等轻质油品的需求，特别是对高辛烷值航空汽油和顺丁橡胶原料的需求是推动流化催化裂化加速发展的动力。

（2）正是在这种需求的推动下，美国采取了措施促成催化研究协会（Catalytic Research Association）组成联合体开展研发。使这些石油品生产市场上的对手，在技术创新上同心协作，同时，还吸纳了擅长工程设计的公司、擅长工艺研发的科研企业，这样联合各家优势，

使流态化催化裂化工业化。这里的核心是动员和细心组织各方优势单位，发挥特长，加速了整个工业化过程。

（3）与美国麻省理工学院W. K. Lewis教授的合作，认识到Stoke定律只适用于单个颗粒，不适用于粒子群，这为开发流态化催化裂化工艺奠定了理论基础，说明与高等院校有关科技教授合作开展基础研究的重要性。

（4）建立一套中型试验装置，从实践中不断总结形成的新构思，及时进行试验验证，十分重要。例如，研发过程中的竖管输送催化剂，用液态重油进料、上行式改为下行式等重要发明都是通过中型试验获得的。

烷基化的发明 2.2

异丁烷/丁烯烷基化是炼油工业中生产高辛烷值汽油组分异构烷烃的重要工艺，其产物辛烷值高（如三甲基戊烷的研究法辛烷值高达100～109），敏感性小（研究法辛烷值与马达法辛烷值之差），而且具有理想的挥发性和清洁燃烧性能，是车用汽油和航空汽油的理想调和组分。

基于烷基化在历史上的重大意义，《催化展望》在"不列颠之战：催化剂代表胜利"中对烷基化作了生动的介绍[10]："1990年7月15日，在芝加哥论坛报上，介绍了辛烷值100的燃料所起的重要作用。比如在1940年间英伦战役中所用的辛烷值为87的燃料，它能使英国飞机爆发加速能力提高50%，用同样的飞机，采用了这种新的燃料，英国飞行员能够飞得更高，从而更机动地战 胜敌人"。

1981年，H. Pines在美国化学会石油化学组年会上接受该年度石油化学奖时，发表了题为《发明史话：烷基化》的演讲，回顾了异丁烷与正丁烯烷基化反应的发现过程[11]。

2.2.1 烷基化工艺的发明过程

1930年，H. Pines在美国环球油品公司分析化验室从事日常控制分析工作，任务是测定热裂化过程所产汽油的不饱和烃含量。当时他使用的分析方法是磺化法：先将汽油样品与定量的96%H_2SO_4加入带有活塞的刻度量瓶，再把量瓶浸入冰水中，然后振荡。振荡一段时间后，从量瓶上读出油层减少的体积，此即为与硫酸反应的烯烃量。

一日，他把量瓶长时间放置在冰水中，发现油层增加。当时他认为这是由于原来与硫酸反应的烯烃或者是原来溶解于硫酸中的烯烃分离出来的缘故。为了证实上述解释，他又将量瓶振荡了一段时间，并未发现油层体积变化。根据这一观察结果，他认为在硫酸层中必定有更深入的烃类分子重排反应（Deep-seated Rearrangement）发生，因此他认为多年来采用的这种分析热裂化汽油中烯烃含量的方法有误差，并向领导作了汇报，但是他的这一看法未被领导接受。

1930年9月，V. N. Ipatieff到了美国环球油品公司工作，H. Pines向他报告了自己的发现，得到支持。V. N. Ipatieff决定用纯烯烃和含有烯烃和烷烃的混合物对此进行系统研究。这一决定导致烷基化反应的发现。

他们首先用纯烯烃与96%H_2SO_4进行实验。将纯烯烃，如丁烯、戊烯、辛烯等，在0℃下与96%H_2SO_4剧烈振荡，发现烯烃进入硫酸中形成均匀的一层，然后在0℃放置一段时间后，又在硫酸层上部分离出一层碳氢化合物，而且这层碳氢化合物主要是烷烃，这样就证明烯烃发生了歧化反应。一部分烯烃把氢转移到另外一些烯烃上将它们饱和，同时自己生成高度不饱和的烯烃，然后与硫酸反应生成酸溶性化合物。

在发现硫酸能引起烯烃歧化反应后，他们又考察了其他强酸是否也能引发歧化反应。他们发现，用其他强酸，如 HF、BF_3/HF、$AlCl_3$/HCl 也能发生同类反应。

他们从烯烃歧化反应的发现认识到烯烃可以生成烷烃，于是想到在强酸存在下，烷烃可能也是不稳定的，也可能发生逆反应。他们进而设想在强酸存在下，烯烃还可能与烷烃反应。于是在搅拌情况下，将乙烯和盐酸通入戊烷和三氯化铝中，结果发现乙烯被吸收，生成烷烃。当时十分幸运，碰巧第一次实验所用戊烷是正戊烷与异戊烷的混合物。后来进一步的实验才发现，只有异构烷烃才与烯烃反应，而正构烷烃不反应。上述比较系统的研究，导致他们发现了异构烷烃与正构烯烃之间的烷基化反应。1932年6月，他们申请了两个有关异构烷烃和正构烯烃烷基化的基本专利：US 2122847（1938）和US 2147883（1939）。

以烷基化反应的发现为基础，开发了硫酸法和氢氟酸法异丁烷-正丁烯烷基化制高辛烷值汽油组分新工艺，并成为炼油工业中提高汽油辛烷值的一种重要工艺。

2.2.2 烷基化工艺发明的启示

（1）H_2SO_4法烷基化是发现了异丁烷/丁烯烷基化新反应后，利用这一新反应发明的新工艺。它是一项发明，而不是已有工艺转移科学知识基础带来的原始创新。

（2）在烷基化的创新过程中，从实验室中"把量瓶长时间放置在冰水中，发现油层增加"的异常现象引起的联想，导致去追究原因，这是发明烷基化工艺的起点，所以要注意自己实验室中的异常现象，善于抓住苗头。

（3）对于实验中发现的异常现象，一定要进行深入、系统的科学研究，认识其本质。在 H. Pines 发现磺化法中的异常现象被领导否定

13

后，V.N.Ipatieff的丰富科研经验和真知灼见，使他能意识到H. Pines向他汇报的这一异常现象的科学意义，并且决定进行系统研究，这才导致烷基化反应的初步发现。

V. N. Ipatieff的博学广识和丰富的科研经验是导致发现烷基化的另一关键。

2.3 加氢裂化的发明

1959年工业化的加氢裂化，是将多余的柴油转化为高辛烷值汽油[12]。目前加氢裂化已发展至裂化减压重油和渣油，由于它能充分利用原料油生产优质产品和减少炼厂污染物的排放，近年新建炼厂更多采用加氢裂化代替催化裂化。

2.3.1 加氢裂化的发明过程

1952年，雪佛龙公司Scott等开展了将多余的柴油转化为高辛烷值汽油的研究。受M.Pier的论文中描述的德国加氢裂化工艺的启示，认为研发加氢裂化可能满足该需求。但是，为了满足汽油质量要求，需要调整选择性和产品性质。初期研发后，认为开发的催化剂必须满足以下要求：①异构化反应产物中异构烷烃与正构烷烃的比值超过热力学平衡值；②在不破坏环结构的基础上裂化芳烃和环烷烃；③控制脱甲基反应；④氢消耗最小；⑤操作压力比早期的加氢裂化工艺低；⑥原料适应性强。

同时，也对加氢裂化中的反应进行了分析，发现支链烷烃（即异构烷烃）通常具有很高的辛烷值；而直链烷烃辛烷值很低。七个碳或

碳数更少的直链烷烃很难重整为芳烃，异构化也相对较难。因此，开发的加氢裂化工艺，要求最大量地生产异构烷烃，尽量少生产直链烷烃，尤其少生产低碳烷烃（$C_4 \sim C_7$）。相对于直链烷烃，异构烷烃的热力学平衡常数随温度降低而增大；但是，即使在很低温度下平衡时，仍存在大量的直链烷烃。因此，理想的加氢裂化工艺是产物中异构烷烃与正构烷烃的比值超过热力学平衡值。而液体产品通常比甲烷和乙烷有价值得多。早期的加氢裂化工艺温度很高，发生大量的脱甲基反应。因此，研究目标是发现可以在低温操作的催化剂，以避免脱甲基反应发生。

采用纯烃及其混合物研究反应机理。 通常，理论和试验的结合导致发现一些异常的反应路径，并促使人们研究典型的烃类反应，从而发现新反应和非平衡反应。利用单体烃的反应结果以指导混合物的转化，为开发新催化剂和新工艺奠定科学基础。20世纪50年代中期，随着气相色谱的出现，结合质谱，提供了鉴别复杂产品烃中单个化合物的强大的新分析工具，使人们认识反应机理成为可能。

芳烃加氢裂化行为。 对于芳烃类型的化合物，他们研究了六甲基苯在NiS-硅铝催化剂上发生的裂化反应。图2-1显示了观察到的异常

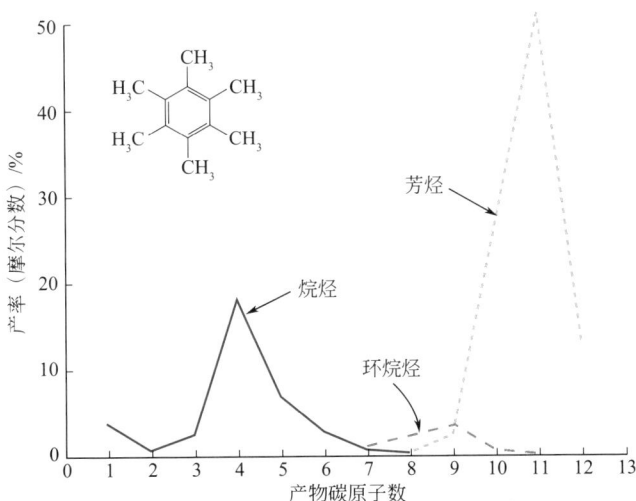

图2-1 六甲基苯在349℃和14atm（1atm＝101325Pa）下加氢裂化

的产品分布情况，产物主要为低沸点芳烃、异丁烷和异戊烷。很明显，六甲基苯在催化剂的影响下甲基官能团从芳烃上脱离，发生"修边"反应。其反应过程可能包括吸附在催化剂表面酸中心上芳烃环的反复收缩和膨胀，并在C_6芳烃环与相对稳定的环戊二烯阳离子中间体之间发生异构化，形成支链的异构体并裂化形成异构烷烃。其余的分子以小分子芳烃脱附。

环烷烃加氢裂化行为。类似地，环烷烃上发生更快速的"修边"反应。如图2-2所示，六甲基环己烷反应主要生成异丁烷和C_8环烷烃（主要为环戊烷）。同样地，二异丙基环己烷反应生成异丁烷和C_8环烷烃，而不是形成大量的预期可能生成的丙烷。因此，从C_{10}环烷烃得到的主要产品是异丁烷和甲基环戊烷。

链烷烃加氢裂化行为。与环状化合物主要发生"修边"反应不同，在含有强加氢组分如镍金属或贵金属的催化剂上，与在相对较弱的加氢组分如镍硫化物催化剂上，链烷烃经加氢裂化后产物分布迥异（见图2-3）。

上述这些基础性研究结果，为指导新催化剂和工艺的开发奠定了基础。

2.3.2　加氢裂化发明的启示

（1）1952年，Scott等根据市场需求，要将多余的柴油转化为高辛烷值汽油时，市场决定了开发技术的方向，受M.Pier对德国加氢裂化论文的启示，决定开发轻柴油馏分加氢裂化，生产高辛烷值汽油新工艺。

（2）对加氢裂化开展初步探索试验后，提出了对试制催化剂的"生成链烷烃异构化反应超过热力学平衡值、在不破坏环结构的基础上裂化芳烃和环烷烃、控制脱甲基反应、氢消耗最小、操作压力比早期的加氢裂化工艺低、原料适应性强"等6项要求。同时也对所需要

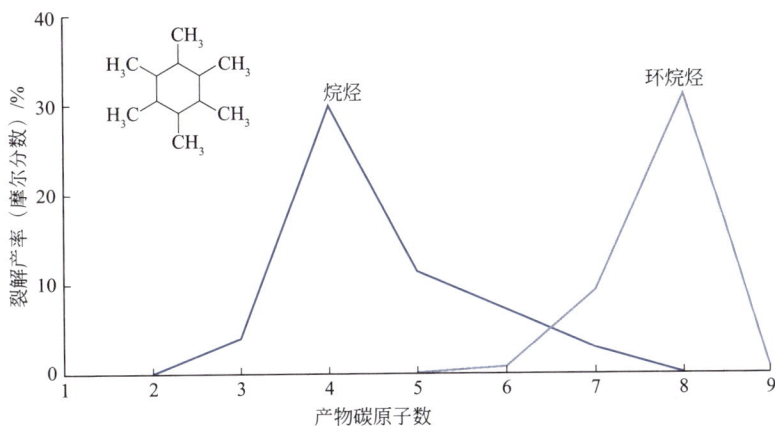

图2-2　六甲基环己烷在233℃和82atm下加氢裂化

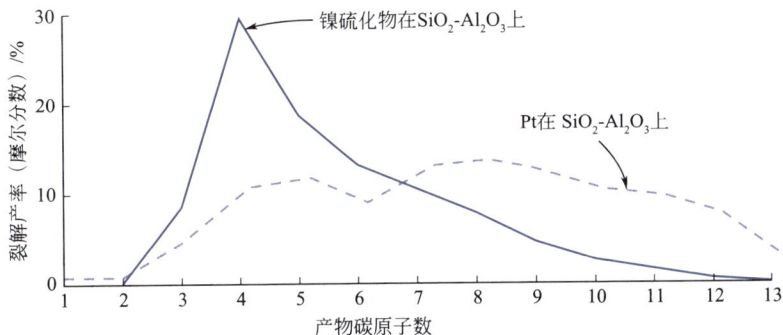

图2-3　正十六烷在两种不同催化剂上加氢裂化产品

加氢裂化的反应进行了分析，明确了所开发工艺，要尽量多产异构烷烃和少产直链烷烃，尤其要少产 $C_4 \sim C_7$ 烷烃。

（3）20世纪50年代中期气相色谱的出现，与质谱结合，提供了复杂产品中单体烃的分析，为开展纯烃加氢裂化反应历程和机理等基础研究创造了条件，这告诉我们在研究中要密切关注有关的化学分析、物化表征的进展。

（4）开展纯烃及其混合物反应历程和机理研究，加深了对加氢裂化工艺中多种反应知识的理解，奠定了试制新催化剂和工艺的科学基础，对指导加氢裂化新工艺发挥了重要作用，同时也说明在开发新工艺中，安排部署开展导向性基础研究的重要性。

17

2.4　铂重整的发明

2.4.1　铂重整的发明过程

铂重整是炼油厂提高汽油辛烷值和生产芳烃的重要工艺，同时还副产氢气。

发明这一新工艺的 V . Haensel 被誉为"铂重整之父"，他回顾了铂重整原始创新构思形成的过程[13]。

V .Haensel 1935年夏天从西北大学毕业后，在美国环球油品公司催化实验室做暑假临时工。当时汽油重整提高辛烷值使用的是 Cr_2O_3/Al_2O_3 催化剂，在常压、不临氢的条件下运转，催化剂很快结焦，需要经常再生。一天，美国环球油品公司研究室主任来到实验室，让他想办法做反应而不产生结焦。实验3周毫无结果。暑假结束后，他即去麻省理工学院攻读化学工程硕士学位。这一经历虽以无结果告终，但使他了解到开发一个长周期运转而不积炭的催化重整工艺的重要性，这就为他后来的发明播下了种子。

1937年，V. Haensel硕士研究生毕业后，被美国环球油品公司聘任为化学工程师，从事加氢裂化汽油中环烷烃含量分析工作。在分析时，需要在很低的空速下，通过一个铂/活性炭催化剂，使六元环烷烃脱氢转化为芳烃。

由于催化重整提高汽油辛烷值中最重要的反应是环烷烃脱氢反应，产生了利用铂催化剂的想法，于是用铂催化剂来处理脱硫的汽油。他采用各种载体试制成铂催化剂，然后进行实验。正如所预期的那样，这些催化剂可将部分环烷烃转化成芳烃，但是汽油辛烷值的提高却不明显，于是他提高温度，结果催化剂完全失活。为了防止催化剂失活，后来在中等压力下同时通入氢气，结果虽不特别惊人，但

是催化剂在这一苛刻条件下却不失活；于是，继续提高温度，果然得到较高的转化率。此时实验一直采用脱硫的直馏汽油作原料，催化剂可以连续运转，并且保持了较高的转化率。此时采用的实验条件是：反应温度为450℃，反应压力为3.45MPa，氢/油摩尔比为5，这一反应温度比铂催化剂常用的温度高出了200℃。这时他已取得了先前用MoO_3/Al_2O_3作催化剂一样的效果，而且催化剂上只有少量的焦炭生成。当时使用的是3%的铂载于二氧化硅上的催化剂，相当昂贵。同时还发现，铂载于硅铝载体上的催化剂虽然对提高辛烷值更好，但不能很好地控制加氢裂化。所以又改用具有中等酸性的氧化铝作载体，结果相当好，特别是能够连续操作数日而没有损失很多的活性。这时，他想出了各种方案，把铂载到氧化铝上，并且努力去降低铂含量。同时他得到了一个十分肯定的结论：用硝酸铝制备的氧化铝不如用三氯化铝为原料制备的好。这曾是一个十分费解的问题，直到他观察到将三氯化铝与氨水沉淀的氢氧化铝滤饼少洗几次还能制备出性能更好的催化剂时才解开了这个谜，这是由于氧化铝中残存的Cl^-引起的。后来他发现，在装置出口的气体中有微量的酸性物质，这是来源于胶体中的氯。他设想，如果胶体中的氯是活泼的，会损失的话，那么氟会更活泼，而且是稳定的，果然试制含氟氧化铝的铂催化剂提高汽油辛烷值最好，为工业化奠定了基础。于是美国环球油品公司投入100多人进行研发，加速推向工业化，1949年宣布开发成功铂重整工艺（Platforming）。

2.4.2　铂重整发明的启示

（1）一个科研工作者要了解自己研究领域的难题，虽然一时不能成功，但随着时间的推移、知识经验的积累，这些难题就成为将来成功的起点。

（2）要创新，就要善于从其他领域吸取营养，把其他领域中有用的催化剂体系移植过来。V. Haensel就是从分析方法中所用的铂/活性炭环烷烃脱氢催化剂受到启发，把铂催化剂移植到催化重整领域里来开始探索的。

（3）要创新，必须要跳出旧框框。在催化重整探索中，V. Haensel所采用的温度、压力、临氢工艺等都超越了分析方法中原用的条件，正是这样他才取得了较大的进展。

（4）要细心观察实验，及时发现和抓住苗头。V. Haensel就是从硝酸铝和三氯化铝制得的γ-Al$_2$O$_3$作为催化剂载体时活性不同而认识到卤素的作用，从而制备出含氟的γ-Al$_2$O$_3$的铂重整催化剂。

第三章

20世纪国外新催化材料的
发明案例

新催化材料是创造发明新催化剂和工艺的源泉。本章收集了国外一些新催化材料发明与创新的获奖案例。

首先是分子筛裂化催化剂的发明，它被誉为"20世纪60年代炼油工业的技术革命"；其次是ZSM-5分子筛，它开辟了"择形催化剂"新天地；而钛硅分子筛的出现，将过去新催化材料只限于酸催化拓展到氧化反应的全新领域，导致一些"原子经济"烃类氧化反应新技术出现。

3.1 分子筛裂化催化剂的发明

3.1.1 分子筛裂化催化剂发明过程

分子筛裂化催化剂的发明体现了催化剂的科学知识基础从无定形硅铝到结晶硅铝型——分子筛的转变。

分子筛裂化催化剂发明人之一的C. J. Plank，曾在《美国多相催化历史选编》一书中介绍了他在美孚研究和发展公司（Mobil Research & Development Co.）工作时发明分子筛的经过[14]。当C. J. Plank开始从事催化裂化催化剂研究时，催化裂化催化剂已由天然白土催化剂发展到人工合成的硅铝催化剂。当时，美孚研究和发展公司催化裂化催化剂科研工作的目的就是要改进硅铝裂化催化剂。如果能通过这种改进来降低催化剂裂化的气体和焦炭产率，使汽油产率提高1%，那么，每年就可以为美孚石油公司增加100万美元以上利润。所以，研究目标就是要通过提高催化裂化催化剂的选择性来减少气体和焦炭、增产汽油。

提高裂化催化剂选择性的途径。如何开展研究去提高选择性？C. J. Plank 阅读了标准石油开发公司（Standard Oil Development Co.）的

F. H. Blanding 在 1953 年发表的一篇论文[15]。Blanding 研究了白土催化剂和硅铝催化剂在 454℃ 下的瞬时裂化活性（反应速率常数）与反应时间的关系。反应 0.01s 时的活性为反应 20min 后活性的 750 倍。这种活性下降是由于催化剂上积炭造成的，裂化反应开始时催化剂的活性高、积炭快，到反应终了时催化剂活性低、积炭慢。虽然 C. J. Plank 对这些现象早已知道，但是缺乏数量上的概念。对比了硅铝裂化催化剂与白土催化剂活性下降的情况后，认识到它们的初始活性基本相等，但是积炭达到平衡后，硅铝裂化催化剂的活性约为白土催化剂活性的两倍，这也说明尚有可能找到比硅铝更好的催化剂。F. H. Blanding 的数据给予他的启发是：应该寻找一种比现有硅铝催化剂积炭选择性更少的催化剂，使催化剂的活性维持在一个更高的水平。

建立正确评价裂化催化剂选择性的方法。 当时所用的催化剂活性评价方法是 CAT-A 法，他认为这种方法不能有效地区别催化剂选择性的高低，发展了一种 CAT-C 催化剂活性评价方法。该方法以瓦斯油为原料，在反应温度为 482℃、液时空速为 $2h^{-1}$、剂油比（体积）为 3 的条件下反应 10min 来评价催化剂。

评价获得的数据有原料油的转化率、C_5^+ 汽油、干气、总 C_4 气体收率和焦炭产率。优良的催化剂应该是原料油转化率高时，C_5^+ 汽油收率高，而干气、总 C_4 气体收率和焦炭产率低的催化剂，这样就区别开了催化剂的选择性。此法可清楚地区分不同裂化催化剂的选择性，这样就使整个科研工作立足于正确的活性评价方法基础上。

利用分子模板剂概念，研制分子筛催化剂。 1956 年下半年，E. J. Rosinski 参加了 C. J. Plank 研究小组的工作。他们经常讨论，互相启发，对于如何改进催化剂的选择性彼此取得了一致的意见。理想的催化剂应是孔径要比裂化原料分子稍大的中孔催化剂，孔中存在活性中心。这样，催化裂化就可能有选择性地进行。这时，他们读到 Dickey 和 Pauling 发表的采用分子模板剂概念（Molecular Template Idea）去制备具有选择性的硅胶吸附剂的论文[16, 17]。他们利用分子模板剂概念制备了分子筛和硅铝凝胶两种催化剂。根据这种分子模板剂概念试制的催化剂，评价结果使人十分鼓舞，新鲜催化剂的选择性均有提高。但是水蒸气处理后选择性又下降。由于分子筛催化剂水热稳定性比硅铝凝胶好，他们将科研工作集中到分子筛催化剂上。

通过离子交换提高分子筛裂化活性和选择性。X型分子筛是他们开始实验时所用的一种分子筛。在最初的实验中，把25% NaX分子筛混入硅铝凝胶基质中，并用氯化铵进行交换以得到低Na^+含量的催化剂。新鲜催化剂样品具有非常高的活性和比硅铝催化剂好得多的选择性，但在水蒸气处理后，活性和选择性均下降。这时，该公司的P. B. Weisz和V. J. Frilette从无定形硅铝的"表面催化"（Surface Catalysis）到分子筛的"晶内催化"（Introcrystalline Catalysis）概念出发，也在研究分子筛的裂化活性[18, 19]。他们研究了正癸烷在NaX和CaX分子筛催化剂上的裂化，发现两者均有活性，但选择性大不相同。CaX分子筛催化剂具有比硅铝催化剂更高的活性，产品分布与硅铝催化剂相似。而NaX分子筛催化剂的活性与硅铝催化剂相同，但产品分布与热裂化相似。所以他们认为，前者是按照碳正离子机理进行的酸催化而后者是通过自由基机理进行的热裂化。C. J. Plank和E. J. Rosinski在CAT-C评价装置上用CaX和NaX分子筛催化剂裂化瓦斯油时，也得到了同样的结果。根据这些结果，他们判断要改进分子筛催化剂的催化性能，必须提高其酸性。于是决定，用Ca^{2+}、Mn^{4+}、Re^{2+}等金属离子和铵离子来交换分子筛中的Na^+以提高其酸性，试制了CaHX、MnHX和ReHX分子筛。

上述这些分子筛催化剂测得的裂化性能都非常高。这些分子筛催化剂的活性和选择性均是在比硅铝催化剂高得多的液时空速下获得的，所有催化剂均用水蒸气处理到类似于催化裂化装置中平衡剂的水平。ReHX分子筛催化剂是最稳定的，所用的水蒸气处理条件要比CaHX和MnHX催化剂苛刻的多。如果是硅铝催化剂，也在处理ReHX分子筛催化剂的条件下对其进行处理，只有在空速为$1h^{-1}$和剂

油比为16/1的条件下才能达到50％的转化率。这就是说，空速只有ReHX分子筛催化剂的1/16，剂油比则是ReHX的16倍。由此可见，ReHX分子筛催化剂的活性为硅铝催化剂的$16 \times 16 = 256$倍。保守些说，ReHX分子筛催化剂的活性要比硅铝催化剂的高100倍以上，比另外两种催化剂至少要高30 ～ 50倍。

Durabead类型小孔裂化催化剂和工业试验的成功（标志分子筛裂化催化剂时代的开始）。将CaHX、MnHX和ReHX三种分子筛加入到小球硅铝基质中，试制成移动床催化裂化催化剂，活性评价得到十分惊人的结果。CaHX、MnHX和ReHX小球催化剂在相同转化率条件下，汽油产率分别提高了20％、25％和16％，焦炭产率分别减少了28％、56％和40％。Durabead分子筛裂化催化剂于1962年在美孚石油公司的移动床催化裂化装置上运转成功[20]。

在这些成果的基础上，C. J. Plank 和 E. J. Rosinski 申请了1964年批准的第一个裂化催化剂专利（US3146249）[21]。

分子筛裂化催化剂迅速推广，开发微球分子筛催化剂，用于流化床催化裂化。小球分子筛裂化催化剂工业应用成功后，各大石油公司及催化剂制造商纷纷大力开发用于流化床催化裂化的微球分子筛催化剂，并且迅速推广应用，到20世纪60年代末，基本完全取代了微球硅铝裂化催化剂。

所以，分子筛裂化催化剂被誉为"20世纪60年代炼油工业的技术革命"。因此C. J. Plank 和 E. J. Rosinski于1979年以第30位和第31位成员进入"名人厅"。

3.1.2　分子筛裂化催化剂发明的启示

（1）分子筛裂化催化剂的出现是将裂化催化剂的科学知识基础从无定形硅铝裂化材料、表面催化机理转移到结晶硅铝的分子筛材料、晶内催化，它是一项非连续式的跨越式技术进步。

（2）分子筛裂化催化剂原始创新构思的形成，是他们从文献吸收营养、联想的结果。他们从 F. H. Blanding 的论文中了解到裂化催化剂活性下降与积炭的定量关系，于是认为应该寻找一种积炭少、选择性高且能维持原有活性的催化剂。进而认定这种理想催化剂的活性中心应该可以控制、有比裂化原料分子稍大的中孔，这样催化裂化就可以比较有选择性地进行，减少结焦，从而使活性维持在较高的水平。之后，他们又受 F. H. Dickey 和 L. Pauling 采用分子模板剂制备选择性硅胶吸附剂的启发，形成使用分子模板剂制备理想催化剂的概念，开展了分子筛和硅铝凝胶两种新催化材料的研制，从而使新催化剂的研制在正确概念的指导下起步。

（3）他们开展研究后的发明创造。科研工作开始时，他们即认为当时所用的 CTA-A 催化剂活性评价方法不能有效地区别催化剂选择性的高低，于是发展了 CTA-C 催化剂活性评价方法，并且可同时评价新鲜催化剂和水蒸气老化催化剂。他们首先评价了新鲜分子筛催化剂，由于催化剂的活性很高，积炭也十分迅速，活性急剧下降，最后总的活性与选择性均不好，幸运的是，他们又评价了水蒸气老化催化剂，才发现了优良的结果。由此可见，选择催化剂活性评价方法非常重要。

3.2 ZSM-5 择形分子筛的发明

20世纪70年代美国美孚石油公司合成出一种新型分子筛，称为 ZSM-5[22]。这种分子筛属最理想的斜方晶系，空间群 Puma，晶格常数 $a = 2.01nm$、$b = 1.99nm$、$c = 1.34nm$，也发现有单斜对称晶系。

ZSM-5 分子筛具有独特的晶体结构，骨架含有两种交叉的孔道系统，如图3-1所示。一种是走向[001] 的之字形孔道，另一种是平行于[010]的直线形孔道。孔口为十元环，呈椭圆形（0.54nm×0.56nm），属于中孔分子筛。在ZSM-5分子筛孔道结构中，没有临界直径大于孔道的空腔存在。

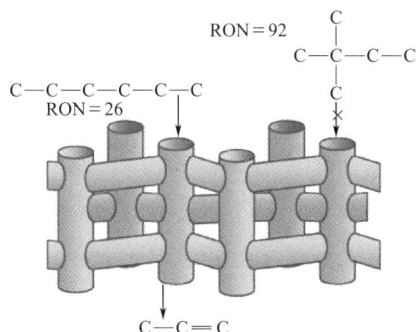

图3-1 ZSM-5分子筛的晶体结构
RON—研究法辛烷值

在ZSM-5分子筛催化作用中，只有那些分子直径比ZSM-5分子筛的临界直径小的反应物分子，才能进入到ZSM-5分子筛结构内部进行反应，并且也只有那些能够从ZSM-5分子筛孔道中逸出的分子，才能以最终产品的形式出现。所以，采用ZSM-5分子筛这种新型催化材料作为催化剂，就可以从过去按分子的化学类别进行催化反应，发展为按分子的形状进行催化反应，这就是"择形催化"。由于独特的孔道结构，ZSM-5 对许多有机催化反应都表现出择形催化特性。

20世纪70年代以来利用择形催化特性，开发了一系列石油化工催化新工艺，如M-重整、柴油催化脱蜡、润滑油催化脱蜡、二甲苯异构化、甲苯歧化、甲醇合成汽油、乙苯合成、汽油加氢精制、低碳烯烃合成汽油和馏分油、催化裂化助辛烷值剂等[23～31]。这些标志20世纪70年代以来炼油和石油化工领域重大成就的新工艺，都是ZSM-5分子筛择形催化材料应用的成果。一种新型催化材料具有如此广泛的适应性，被应用于如此众多的催化过程，并表现出优异的性能是非常罕见的。在1980年第五届国际分子筛会议上，ZSM-5分子筛的合成被称为"第四届国际分子筛会议以来在分子筛科学上的重大进展"。

3.3 钛硅分子筛氧化新催化材料的发明

　　20世纪80年代初，意大利埃尼集团（EniChem）首次合成出一类骨架由钛和硅两种原子组成的MFI结构新型分子筛（TS-1，图3-2所示）。同时发现这种钛硅分子筛新催化材料具有烃类氧化性能，首次将分子筛的应用从过去的酸性催化扩大到氧化催化领域。

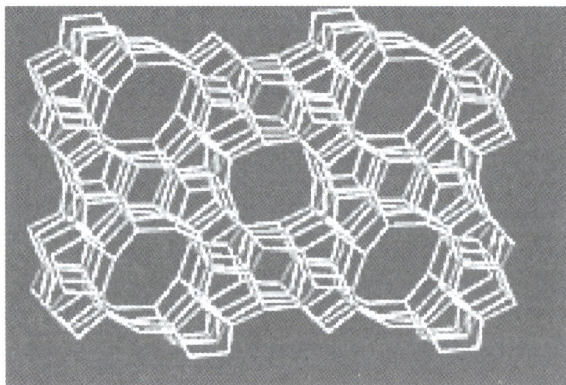

图3-2　钛硅分子筛MFI晶体结构

　　最早报道钛硅分子筛是1967年的一篇专利[32]，因当时作者没有给出充分表征晶体结构数据而未被重视。1983年，埃尼集团Taramasso等报道了具有MFI拓扑学结构TS-1分子筛合成的专利[33]。之后，其他一些钛硅分子筛见诸报道[34~40]。目前，Taramasso等水热合成法被认为是经典和传统的方法，即以正硅酸乙酯（TEOS）或硅胶作硅源，钛酸乙酯（TEOT）或钛酸丁酯（TBOT）作钛源，四丙基氢氧化铵（TPAOH）作碱源和模板剂来合成TS-1分子筛。随后许

多研究者用不同的原料和不同的路线、步骤合成TS-1分子筛，尤其使用不同的模板剂合成TS-1的研究令人关注。

TS-1分子筛有机水热合成法一般分两步：先配制前体（钛硅混合液），然后水热晶化。前体混合液的配制是制备TS-1分子筛的关键。经典的合成TS-1的水热法有两条操作路线，主要体现在配制前体溶液和使用硅源不同，后续晶化等操作是相同的。在配制前体溶液时，操作要仔细，以防TiO_2沉淀生成。合成所用的原料试剂纯度高，操作条件比较苛刻，TPAOH模板剂用量大（TPAOH/SiO_2＝0.40），因此虽然TPAOH合成的TS-1分子筛催化性能优异，但该法合成的TS-1分子筛价格昂贵。此外还有同晶取代的二次合成法等其他方法[41]，但它们的催化性能均不及传统专利法合成的TS-1分子筛。

择形氧化是石油化工中的关键技术之一，随着石油战略资源的高效清洁利用和精细石油化工技术的不断发展，迫切要求对一些传统的择形氧化反应加以更有效的利用。而使用钛硅分子筛正好顺应了这一发展的要求。由于钛进入分子筛骨架结构，使钛硅分子筛具备了独特的择形催化氧化功能，钛硅分子筛新催化材料的发现，导致众多"原子经济"烃类氧化反应新技术出现。TS-1催化有代表性的氧化反应如下：

（1）1986年以来，埃尼集团（Enichem）采用TS-1钛硅分子筛作催化剂建成由苯酚直接液相氧化制对苯二酚和邻苯二酚10000t/a的工业化装置[42]。这一工艺中，将苯酚溶于诸如甲醇、丙酮等溶剂，于28℃加入过氧化氢进行氧化，得到的苯酚转化率约为25%，对位/邻位异构体之比约为1；苯酚选择性约为90%；对过氧化氢而言，选择性接近80%；同时，所产焦油等副产物也较少。与原有的苯酚过氧化氢氧化制对苯二酚的Rhone-Poulenc和Brichima两种工艺相比，具有突出优点。Rhone-Poulenc工艺采用H_2SO_4或H_3PO_4为催化剂，转化率仅5%；Brichima工艺采用由Fe^{2+}和Co^{2+}生成的Fenlon试剂为催化剂，苯酚转化率也只有10%，均显著低于上述钛硅分子筛为催化剂的工艺，大大减少苯酚的回收循环量，使生产更为经济。这一工艺的另一个优点是，对苯二酚、邻苯二酚的比例可通过催化剂与工艺条件灵活调整。

（2）在化纤单体己内酰胺的合成中，关键的一步是将环己酮转化为环己酮肟，现有工艺是将环己酮和羟胺硫酸盐反应生成环己酮肟，而制造羟胺硫酸盐的方法十分复杂，先将氨氧化生产NO和NO_2，再用碳酸铵溶液吸收，生成亚硝酸铵，然后亚硝酸铵和二氧化硫、氨反应生成羟胺二磺酸盐，它再水解得到羟胺硫酸盐，最后与环己酮反应生成环己酮肟。采用TS-1钛硅分子筛作催化剂，与过氧化氢和氨气氧化环己酮，通过一步法的"原子经济"反应即合成环己酮肟，大大简化了流程，降低投资和生产成本。1990年，埃尼集团在意大利Porto Marghera建成12000t/a的工业示范装置[42]，建立了1万吨/年工业示范装置，未进一步推广应用。

（3）环氧丙烷（PO）是一种重要的化学中间体，作为合成工业和商业用品的一个关键原料，PO具有广泛的应用，如合成脂肪族聚氨酯、丙二醇和乙二醇醚。这些产品广泛应用于汽车、家具和个人护理品方面。

PO的传统合成路线氯醇化法以丙烯、氯气为原料，主要生产工序有：氯醇化、皂化、精馏、皂化残渣压滤及污水处理等。

$$CH_3CH\!\!=\!\!CH_2+Cl_2+H_2O \longrightarrow CH_3CH(OH)CH_2Cl+HCl \xrightarrow{Ca(OH)_2} CH_3CH\!\!-\!\!CH_2 +CaCl_2+2H_2O$$
$$O$$

其优点是：流程比较短，工艺成熟，操作负荷弹性大，丙烯选择性好，收率高，生产比较安全，对原料丙烯纯度的要求不高，投资少。该工艺存在两个问题：一是产生大量副产品，"三废"排放量大，生产1t环氧丙烷产生皂化污水40～50t，污水中氯化钙的质量分数为3%～4%，COD（化学需氧量）质量浓度为800～1000 mg/L；而且氯气耗量大，需要配套建设氯碱厂；二是需要反复使用有机中间体。

由于需要使用氯乙醇或者一系列大量的有机过氧化物，因此会生成诸如正丁醇、苯乙烯单体和异丙苯等副产品和废物。虽然许多副产品可以回收、出卖，然而其需求量远远小于PO需求量，因此，这些副产品存在着供大于求的市场困境。

2009年陶氏化学公司（The DOW Chemical Co.）和巴斯夫（BASF SE）公司采用钛硅分子筛作催化剂，使得过氧化氢和丙烯一步合成环氧丙烷，联合开发了过氧化氢（HPPO）法生产环氧丙烷（PO）工艺[43, 44]。该工艺中，丙烯与过氧化氢环氧化的反应在固定床反应器中进行，以甲醇为溶剂，反应的温度和压力比较温和。该反应的特点是具有高的丙烯转化率和高的环氧丙烷产率，过氧化氢被全部转化为产品。与原有使用有机过氧化物相比，HPPO过程使用足够少的过氧化物，反应完成后，反应物全被转化。因此，省去了过氧化物的回用环节。新过程副产品只有水，省去了收集和纯化副产品，生产设备成本降低了25%，降低了70%～80%废水的生成，节省了35%的能源消耗。巴斯夫公司通过对大量PO生产过程的经济效益分析发现，HPPO过程生产成本最低，同时对环境的负面影响最小。2008年巴斯夫公司在比利时的安特卫普（Antwerp）生产设备基地，成功将HPPO过程商业化，并于2011年在泰国的麦普塔普特（MAP TA PHUT）建成第2家基于此技术的生产厂。

联合开发该工艺的陶氏化学公司和巴斯夫公司分别获得了2010年美国总统绿色化学挑战奖更绿色合成路线奖和第40届帕特里克奖荣誉奖。

同样地，赢创工业集团（EVONIK INDUSTRIES AG）和德国伍德（UHDE GMBH）公司合作完成了利用钛硅分子筛为催化剂，采用过氧化氢氧化丙烯生产环氧丙烷的新工艺（见图3-3）。

该工艺的特点是采用了壳/管反应器（Shell & Tube），液体通过数千个装有催化剂的导管，压力为3MPa，温度低于100℃。该反应

31

器设计达到高效取热和理想的活塞流反应器。反应后，减压蒸馏分离出PO产品，最后精制到纯度大于99.97%，甲醇溶剂和未反应的丙烯循环利用。在韩国首尔，SKC公司建成100kt/a工厂，2008年9月生产出高纯度PO。

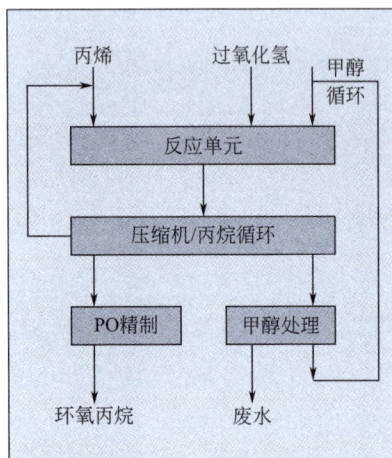

图3-3　采用过氧化氢氧化丙烯生产环氧丙烷的新工艺

第四章

参与新催化材料创新的案例

20世纪80年代初，我国石油化工已达到世界先进水平，在国内早已面临与国外激烈的技术竞争，因此迫切需要适应国情，开发一些具有中国特色和自主知识产权的催化剂。石油化工科学研究院决定成立基础研究部，由我负责筹建。

4.1 国外石化跨国集团的基础研究

为了筹建基础研究部，我首先调查国外石化巨头，包括埃克森石油公司、阿莫科石油公司、联合碳化物等公司有关基础研究工作的情况。

埃克森研究和工程公司（Exxon Research & Engineering Co.）基础研究实验室主任A.Schriesheim讲过这样一段话[45]：长远性或开拓性研究致力于发展基础科学知识，这些知识将帮助公司满足工业界和消费者广泛的需要。这类研究的重点应放在与公司未来面临的业务问题最为有关技术的科学前沿。公司必须追求重大的突破，寻求在认识上的"量子跃迁"，这将使公司能够创造出全新的技术来。埃克森研究与工程公司在选择研究领域时，希望所选领域与该公司感兴趣的多项技术有关，曾经选择过金属原子簇、液膜分离、磁稳定床等领域，开展长远性研究。

我从这段话中得到启发：企业的基础研究应部署在公司核心业务有关的科技前沿领域去积累新科学知识。

阿莫科石油公司（Amoco Oil Co.）主管科研的副总裁K.Henry把科研工作按技术的成熟程度分为探索研究、研究与开发、工业示范和技术服务几部分[46]。他认为：探索研究是为企业寻找新知识，除进

行实验外，也可以包括文献调查和一些理论计算，要从企业的长远目标去规划探索研究。虽然探索研究的结果往往达不到预期的目标，但是只要探索项目的指导原则是广泛的，也会有较高比例的课题最终导向有用的技术。

联合碳化物公司（Union Carbide Co.）高级技术人员K.L.Hoy认为[47]：基础研究是在未来5～10年期间能给公司带来可观利润的一类研究工作。根据这一定义，基础研究可以是任何工作，但是必须在取得成功后，会在未来带来收益，因而值得冒风险开展研究。对新产品的基础研究，以它能增加的产品价值来衡量；对工艺过程的基础研究，要从降低生产成本来衡量。基础研究计划要着眼于公司的战略方向而不是具体问题。制订计划要了解与公司经营有关的关键问题，如企业经营的多样化、市场需要、工艺要求、原料变化、能源问题、操作费用、投资、销售动向以及利润等。

对我启发更大的是美国工业研究学会（Industrial Research Institute）对基础研究的考虑，美国工业研究学会中设有一个"研究如何作研究"委员会（Research-on-Research Committee），它们将基础研究分为两类[48]：

一类是长远性、非导向性基础研究。这类研究只是寻找新知识而很少考虑它的最终意义与影响，它的时间跨度很长，如10～50年。其中某些研究成果最终也可能在工业中有所应用。它的目标是获得"真理和知识"以及培训人才。

另一类是导向性基础研究（Directed Basic Research），它是工业部门开展的一种具有开创性的科学或技术研究，其目的是增加与公司发展战略有关的科学和工程领域中的知识，形成有用的新构思去开发商业化材料、工艺或产品，从而在不远的将来为公司增加利润。这使我认识到：石油化工科学研究院开展的应是导向性基础研究。

4.2 与莫比尔中心实验室的交流

通过对各个大石油公司科研情况的调查研究，使我认识到石油化工科学研究院应该开展这样的导向性基础研究：在中国石化战略性、全局性、长远性有关的科技前沿，选择领域，寻找和积累新科学知识，帮助形成新构思去开发新技术。

但是如何在具体科研中去实践这些指导原则，仍是我要思考、摸索的问题。

1980年，石油化工科学研究院邀请美国美孚研究和发展公司中心实验室主任万斯（P. B. Weize）夫妇在参加东京国际催化会议后来访，邀请他的目的是想了解中心实验室在美孚石油公司的科技创新中所发挥的作用，我负责接待他们。

美孚石油公司20世纪60年代发明了分子筛裂化催化剂，被誉为60年代炼油工业的技术革命；70年代又发明了择形分子筛ZSM-5，利用其择形性开发了M-重整、二甲苯异构化、柴油催化脱蜡、乙苯合成，甚至甲醇合成汽油等一系列炼油和石油化工新工艺，以后又发明了β-沸石、介孔沸石等。美孚中心实验室一直在世界分子筛研究领域独领风骚，不仅在技术上领先，而且在学术上也领先。

时任石油化工科学研究院院长的任向文同志十分重视这次访问，七天的晚宴，他都亲自作陪。我陪着万斯夫妇品尝了前门全聚德的烤鸭、北海的仿膳宫廷宴、绒线胡同四川饭店的川菜和荣乐园的鲁菜等，游览了长城、颐和园、故宫、人民大会堂、天坛等名胜古迹。当然，醉翁之意不在酒，我利用作陪的机会，尽可能多地了解他们开展基础研究的情况。石油化工科学研究院还请万斯做了一场《沸石催化作用》的报告。万斯讲到他们是把分子筛作为一种新催化材料来研究的，有了新分子筛的催化材料作基础，就能开发炼油催化和石油化工

新催化剂和新工艺。过去我只有催化剂的概念，没有新催化材料的认识。我领悟后，感觉新催化材料好比作时装的布料，有了优秀特色的布料，时装设计师才能设计出丰富多彩的时装来。万斯还强调，要用纯烃反应来评价新催化材料，以探索其应用领域，认为纯烃反应结果比物化表征数据更接近石油炼制和石油化工反应的实际。

与万斯交流后，我就下决心要在石油化工科学研究院开展新催化材料的研究。

1980年，该中心研究实验室华裔科学家陈廼元（N Y Chen）来华，我问他什么时候做基础研究？他说：问题解决不了时或有专利纠纷时，做基础研究，不断开发新型分子筛作为"新式武器"。

1991年，我去美孚石油公司的中心研究实验室（Mobil's Central Research Lab）参观访问，发现他们使用计算机模拟指导新分子筛合成，采用组合化学大量合成分子筛，从分子筛的物化特征出发，"因材施用"，采用模型化合物寻找其应用领域；参观时，看到一套三管纯烃评价装置，采用16种纯烃，自动优化反应条件，记录产品数据，选择新型分子筛的应用方向。

直至2001年，陈廼元在"Ind. Eng. Chem. Res"上发表了一篇题为"Personal Perspective of the Development of Para Selectivity ZSM-5 Catalysts"的文章，详细介绍了ZSM-5分子筛的发明和工业应用过程。

他的体会是：30多年来，美孚公司鼓励拓宽研究领域才导致新颖技术的发明，其影响是不仅对美孚产生经济效益，还引起全世界对这些技术的兴趣。

通过陈廼元对ZSM-5分子筛的发明和工业应用过程的介绍，对于我们开展分子筛研究有下列启示：

① 分子筛合成与反应探索分小组进行。

② 不断从反应机理加深认识。

a. 研究A型分子筛反应机理：认识择形裂化直链烃。

b. 研究ZSM-5型分子筛反应机理：认识择形裂化直链烃和烯烃与

37

苯烷基化反应。

　　c.研究改性ZSM-5分子筛反应机理：认识对位选择性催化从而更好地指导应用开发。

　　③ 对新分子筛的应用广为探索：从炼油到石油化工，到精细化工；不拘泥于原有的业务范围，"因材施用"，组织多个小组同时进行。

　　④ 深入研究新分子筛的吸附性能，帮助明确反应选择性。

　　⑤ 将大量实验数据进行处理为数学模型，以指导其应用。

　　⑥ 看市场、看效益，对新分子筛不轻易工业放大试制，但要有足够数量样品以供开展探索性试验所需。

4.3　氢－铝交联累托石层柱分子筛

　　20世纪80年代，开发渣油催化裂化催化剂以扩大催化裂化的原料来提高经济效益是当时石油炼制的科研前沿。在1980年国际催化会议上，层柱分子筛成为讨论的热点之一，认为层柱分子筛具有开放的孔结构，是最有发展前景的渣油裂化催化材料。层柱分子筛与目前使用的八面沸石的结构与裂化分子大小的比较见图4-1。

4.3.1　氢－铝交联累托石层柱分子筛的发明过程

　　在第七届国际催化会议论文中，采用了分子大小不同的模型化合物异丙苯和1-异丙基萘证实了氢－铝交联蒙脱土（H-Al-CLM）层柱分子筛比HY八面沸石具有更高的裂解活性[49]。于是，我们成立了以关景杰为组长的层柱分子筛研究小组，首先也试制了H-Al-CLM层柱分子筛，采用了重油为原料，比较了与氢-Y型分子筛的催化裂化活

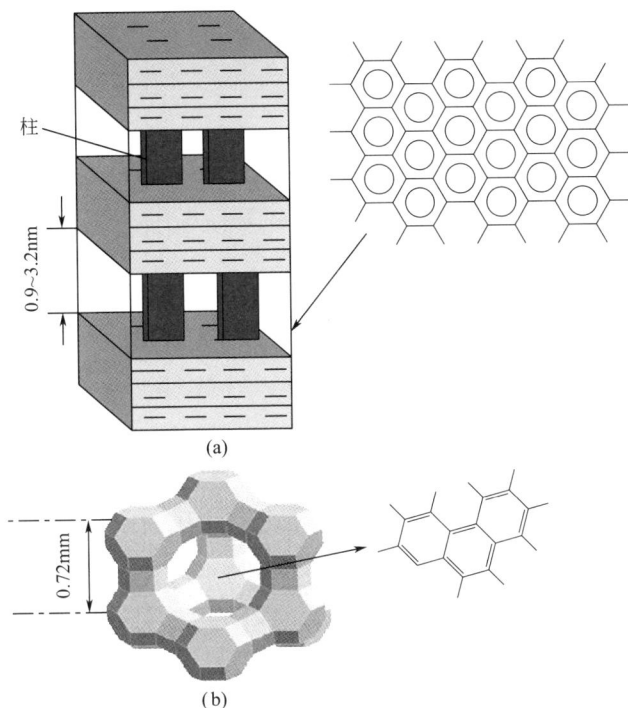

图4-1 层柱分子筛（a）与八面沸石（b）结构的比较

性，证实了它具有更高的裂化性能，进一步肯定了具有发展成为渣油裂化催化剂的前景；同时又发现这种氢-铝交联层柱蒙脱土的水热稳定性差，不能满足催化裂化装置中高温再生的要求，必须寻找能满足这一要求的原土[50～53]。

如何去寻找这种原土呢？分析认为首先要弄清楚为什么用蒙脱土制备的层柱分子筛水热稳定性不好。于是采用X射线衍射和差热分析跟踪加热处理过程中蒙脱土破坏的过程，分析其原因，最后认识到，要制得水热稳定性良好的分子筛，必须寻找具有下列性质的原土[24]：首先层结构必须十分稳定，同时又要能膨胀；四面体层中应有较多的铝离子取代硅离子，以形成层与柱较强的联结，这就为寻找所需要的原土指明了方向。于是研究小组成员去中国科学院和地矿部有关研究单位寻找，均无这类原土，但是了解到地矿部将在江西南昌召开黏土矿物讨论会。决定前去参加。会上有人报告了最近在广西中越边境军事管制区内发现了一种累托石，其结构正符合我们要找原土的要求，"踏破铁鞋无觅处，得来全不费工夫"。我们非常高兴，冒着受炮击的危险，带着小铁锹奔赴广西边境，挖取了这种矿石。回来后，用这种矿石，用铝溶胶制成氢-铝交联累托石，果然具有高渣油裂解活性和高水热稳定性的特点，可以用来制备渣油裂解催化剂。

累托石与蒙脱土的结构对比见图4-2。采用这种累托石制备的氢-铝交联累托石结构示于图4-3中，其水热稳定性见图4-4。从图4-4可以看出，这种氢-铝交联累托石经过800℃、100%水蒸气条件下长达28h的处理仍具有较高的微反裂化活性，而氢-铝交联蒙脱石在相同条件下处理4h活性已大幅度下降；同时氢-铝交联累托石的初始活性不如工业上使用的ReY裂化催化剂，但在12h水热处理后，氢-铝交联累托石的活性高于ReY裂化催化剂，这说明氢-铝交联累托石的水热稳定性比ReY裂化催化剂还好[54]。

这项成果申请了中国发明专利"一种具有规则间层矿物结构的层柱分子筛"[55]，后来在欧洲和美国申请并获得了欧洲专利和美国

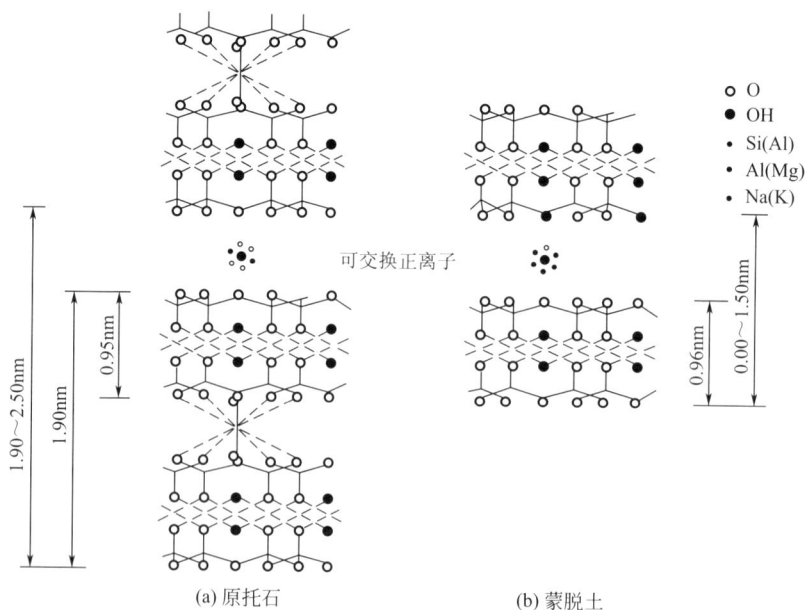

图4-2 累托石与蒙脱土的结构

专利[56, 57]。这也是我国石油化工行业首次在国外申请的专利。1988
年2月的《今日催化》中的一篇"层柱黏土——历史回顾"的综述，
对这一进展给予了高度评价：认为过去黏土本身的结构不能满足催
化裂化高温热稳定性的要求，采用双层累托石欧洲专利的报道，才
展现了层柱分子筛用于催化裂化的前景[58]。

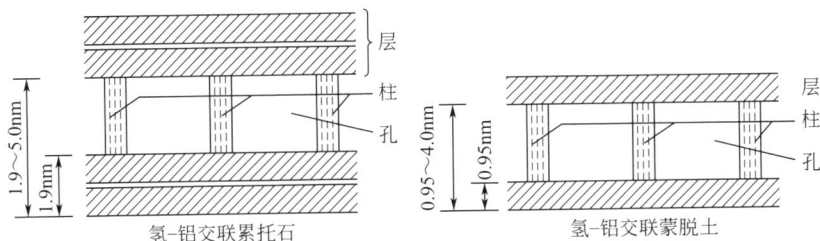

图4-3 氢–铝交联累托石及氢–铝交联蒙脱土结构

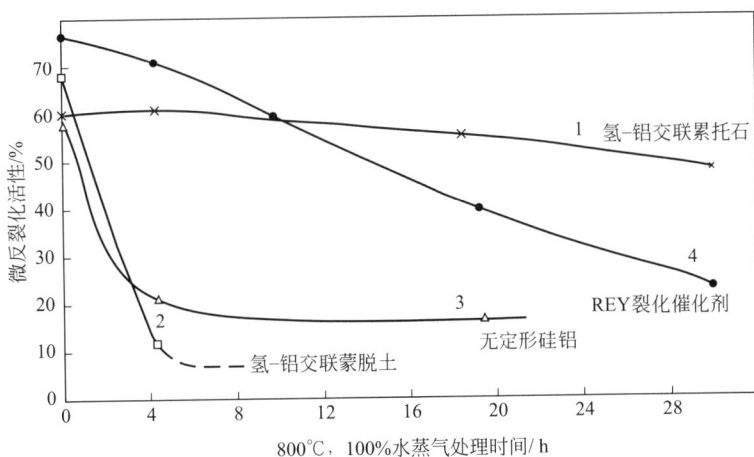

图4-4 几种样品经水热处理后的微反裂化活性

4.3.2 氢–铝交联累托石层柱分子筛发明的启示

累托石层柱分子筛的发明再次告诉我们，"原始创新必须改变原
有技术的科学知识基础"，从蒙脱土层柱分子筛到累托石层柱分子筛
就是如此。在累托石层柱分子筛的发明过程中，主要启发：

（1）适应当时渣油催化裂化的需要，受东京第七届国际催化会议

论文的启发，跟踪开展了氢-铝交联蒙脱土的研究，所以了解国际科技前沿，也是创新来自联想的重要一环。

（2）了解氢-铝交联蒙脱土水热稳定性差，不能作为催化裂化催化剂后，开展了导向性基础研究，了解其水热稳定性差的原因，提出了要求原土必须具备：①层柱结构必须十分稳定，同时又能膨胀；②四方体层中应有较多的 Al^{3+} 取代 Si^{4+}，为寻找原土指明了方向。这表明要针对问题开展导向性基础研究的重要性。

（3）在地矿部门召开的一次会议中，了解到他们在中越边境刚发现一种黏土矿物累托石，这就为这项研究奠定了基础，这也说明博学广识，要参加跨专业学术活动的重要性。

（4）由于累托石的资源尚未开发，不能大量供应，科研工作暂时停顿下来。后来湖北又发现了累托石，开始能获得大量原料。受文献上聚乙烯醇能改进铝交联剂进一步扩孔的启发，又研制了渣油裂化性能更好的催化剂。

今天来回顾累托石层柱分子筛的研发历程，我心中百感交集：累托石层柱分子筛无疑是我们首先发明的新催化材料，但至今尚未工业应用，同时它还有优异的加氢裂化活性。目前应审时度势，找准工业化目标，安排一些研发工作，争取取得工业化成果。

4.4　水热稳定性优异的ZRP择形分子筛

4.4.1　ZRP择形分子筛的发明过程

在试验ZSM-5分子筛用于催化裂化中去择形裂解低辛烷值汽油

组分时，发现在催化裂化再生时的高温水热条件下，ZSM-5骨架脱铝，失活较快，所以必须提高其高温水热稳定性，基础研究室的傅维、舒兴田、何鸣元等开展了研究去解决这一难题。

他们首先从Y型分子筛在催化裂化中使用时，是通过交换上稀土离子Re^{3+}来抑制骨架脱铝的思路中受到启发，设想将Re^{3+}离子通过离子交换引入ZSM-5分子筛骨架提高其水热稳定性；但是实践后发现ZSM-5的孔口小于水合稀土离子，稀土离子不能通过交换进入ZSM-5分子筛孔内，必须另辟蹊径引入。经过多次探索，发现在合成ZSM-5分子筛时，不采用同种ZSM-5晶体来导向的常规方法，而是采用ReY型分子筛异晶导向，可以成功地把稀土引入ZSM-5分子筛，从而合成出一种含稀土、硅、铝元素的新型分子筛，命名为ZRP分子筛[59, 60]。

在高温水蒸气处理后，ZRP分子筛保持良好的C_{14}烷烃裂解活性。在800℃、100%水蒸气处理8h后，ZRP分子筛的C_{14}烷烃裂解相对活性由100%下降至70%，而HZSM-5分子筛已由100%下降至30%。

后来将ZRP分子筛作为择形裂解组分来制造催化裂化催化剂新产品，使汽油辛烷值提高，而且使汽油产率稍有增加。ZRP分子筛后来成为重油裂解制丙烯、最大生产高辛烷值异构烷烃汽油等催化裂化家族技术的关键组分。ZRP分子筛被评为"1995年全国十大科技成就之一"。

4.4.2 ZRP分子筛发明的启示

（1）ZRP分子筛的创新关键是把分子筛合成方法由原来常规的同晶导向，改变为异晶导向，转移了分子筛合成方法的科学知识基础，从我们自己的实践证明了原始创新必须转移技术的科学知识基础。

（2）ZRP分子筛作为一种新催化材料，后来广泛应用于石油化工科学研究院的催化裂化家族技术中，证明"新催化材料是创造发明新催化剂和新工艺的源泉"，使我们更深刻认识到导向性基础研究中研究新催化材料的重要性。

4.5 非晶态骨架镍催化剂

4.5.1 非晶态骨架镍催化剂的发明过程

1976年，非晶态合金材料已是材料科学中的前沿，作为磁性材料已在电子工业等中成功应用，但没有作为催化材料在炼油、石油化工中应用，仅有一篇文章报道了急冷法试制的铁系合金用于F-T合成中活性（TOF）高[61]。

受到美国纽约州科学院"固态无机物的催化化学"专题讨论会上提出的选择新催化材料三原则的启示，对非晶态合金作为新催化材料的前景进行分析认为：非晶态合金表面缺陷多，形成的催化活性中心数目多；表面原子配位不饱和度高，催化活性高；所有金属和类金属均可以形成非晶态合金，组成变化范围大，找到优异性能合金的范围广。宗保宁从北京大学毕业后，作为硕士研究生，开展了非晶态合金催化剂的研究。当时，石油化工科学研究院催化剂的物化表征方法都是用于分子筛及负载型金属等催化剂，没有纯金属催化剂的表征方法。复旦大学化学系邓景发院士多年从事金属银催化剂的研究，建立了多种纯金属催化剂的表征方法，因此请他一起指导宗保宁。急冷法制备非晶态合金是冶金工业的技术，邀请东北工学院材料系朱永山教授帮助指导，利用该系设备制备非晶态合金。宗保宁的硕士论文题目就是："急冷法制备镍磷非晶态合金的研究"。除研究镍磷非晶态合金的制备和加氢性能外，还采用多种物化方法研究催化剂表面活性中心性

质。首先证实了非晶态Ni-P的苯乙烯加氢活性高于晶态Ni-P合金，说明非晶态合金作为新催化材料具有发展前景。然后，又发现Ni-P非晶态合金中加入稀土元素钇具有稳定催化剂表面氧化态的作用，这对于提高非晶态合金的稳定性有重要启示。同时也发现这种Ni-P非晶态合金比表面积小于$1m^2/g$，单位面积活性再高，也难与比表面积约$100m^2/g$的雷尼镍相比，所以必须研制多孔、高比表面的非晶态合金[62, 63]。

宗保宁硕士研究生毕业后，继续攻读博士研究生，决定进行高比表面、多孔的非晶态骨架镍的研究。借鉴雷尼镍催化剂的制备方法，决定先采用急冷制备Ni-Al体系非晶态合金，再抽铝形成高比表面、多孔的非晶态骨架镍催化剂。与此前报道的Ni-P体系不同，Ni-Al合金体系熔点高、熔液黏稠、易氧化，在进行了$50mL \sim 10L$等不同大小的石英、刚玉以及石墨等材料的坩埚的上百次系统试验后，开发了适用于这种Ni-Al体系的急冷法关键设备，包括坩埚、喷嘴、铜辊等，制备出非晶态Ni-Al合金；然后研究采用氢氧化钠溶液将非晶态Ni-Al体系中的铝溶解掉，详细研究了工艺条件，最后制成非晶态骨架镍[64~67]。此外，还加入稀土混合物以提高非晶态合金的热稳定性，预处理来提高非晶度等。其物化性质与甲苯加氢活性如表4-1所示[63]。

表4-1 不同催化剂的物化性质与甲苯加氢活性

催化剂	比表面/(m^2/g)	孔体积/(m^2/g)	甲苯加氢活性（140℃）
非晶态骨架镍（1）	106	0.10	9.3
非晶态骨架镍（2）	76	0.12	10.9
雷尼镍	94	0.06	4.4

目前非晶态骨架镍已在己内酰胺加氢精制等加氢反应中实现工业应用。表4-2详细对比了非晶态骨架镍和雷尼镍催化剂对含不同官能团的有机化合物的催化加氢性能[68]。由表可以看出，对于烯烃（例1~5）、羰基（例6~9）和硝基官能团（例12~14）的加氢，非晶态骨架镍的活性是雷尼镍的1.3~3.9倍。而对于苯环饱和反应（例10~11），非晶态骨架镍是雷尼镍的1.5~1.7倍。而且，非晶态骨

表4-2 非晶态骨架镍和雷尼镍催化剂对含不同官能团的有机化合物的加氢性能[68]

序号	反应物	反应条件					产物	选择性/%		TOF /s^{-1}	
		反应物/mol	溶剂/mL	W_{cat}/g	温度/K	p_{H_2}/MPa		雷尼镍	非晶态骨架镍	雷尼镍	非晶态骨架镍
1	环己烯	0.0986	环己烷30	0.20	323	1.0	环己烷	—	—	0.40	0.91
2	CH₂=CHCN	0.0760	乙醇45	0.20	323	1.0	CH₃CH₂CN	—	—	0.20	0.59
3	苯乙烯	0.042	环己烷45	0.20	363	1.0	乙苯	47.0	90.0	0.010	0.023
4	丁烯醛	0.0611	乙醇45	0.20	323	0.80	丁醛	82.4	96.2	0.84	1.5
5	肉桂醛 (CHO)	0.0397	乙醇45	0.50	303	0.80	3-苯基丙醛	69.2	80.1	0.10	0.15
6	葡萄糖 (HOCH₂—…—CHO)	0.0694	水37.5	0.20	373	4.0	山梨醇 (HOCH₂—…—CH₂OH)	—	—	0.012	0.024
7	环己酮	0.0815	环己烷30	0.20	363	3.0	环己醇 (OH)	—	92.7	0.061	0.24
8	苯乙酮	0.0416	乙醇45	0.50	353	2.0	1-苯基乙醇 (OH)	74.5	92.7	0.13	0.26

续表

序号	反应物	反应条件					产物	选择性/%		TOF/s⁻¹	
		反应物/mol	溶剂/mL	W_{cat}/g	温度/K	p_{H_2}/MPa		雷尼镍	非晶态骨架镍	雷尼镍	非晶态骨架镍
9	(Et-取代蒽醌，两端为 O)	0.0148	mixture 70	0.50	323	0.30	(Et-取代蒽二醇，两端为 OH)	51.2	96.6	0.023	0.030
10	(苯)	0.256	环己烷 25	0.20	363	4.0	(环己烷)	—	—	0.16	0.24
11	(甲苯)	0.0941	环己烷 30	0.20	373	3.0	(甲基环己烷)	—	—	0.083	0.14
12	(硝基苯 NO₂)	0.0977	乙醇 30	0.20	363	2.0	(苯胺 NH₂)	—	—	0.26	0.59
13	(对硝基苯酚 HO—…—NO₂)	0.0288	水 40	0.20	353	2.0	(对氨基苯酚 HO—…—NH₂)	—	—	0.056	0.13
14	$CH_3C\equiv N$	0.190	乙醇 30	0.20	363	1.0	$CH_3CH_2NH_2$	—	—	0.16	0.56

架镍在催化不饱和官能团加氢方面，不仅对单一官能团加氢反应表现出更高的转化率，而且对于含有两个以上不饱和官能团加氢反应，尤其对于同一有机化合物分子上不同官能团的选择加氢反应，显示出良好的选择性。如表例3、8，对于苯乙烯、苯乙酮和2-乙基蒽醌选择加氢生成目标产物乙苯、苯乙醇的反应，非晶态骨架镍催化剂上选择性不低于90%。对于α，β-不饱和醛（例4和例5）加氢反应中，非晶态骨架镍更有利于C＝C双键加氢，更趋向生成目标产物饱和醛（正丁醛和氢化肉桂醛）。

使用活性和选择性更好的高效催化剂的优势在实际应用中体现为加氢温度的下降，催化剂消耗降低。表4-3列出了非晶态骨架镍催化剂在药物中间体的加氢应用结果，研究表明，使用非晶态骨架镍催化剂后，催化剂使用周期更长，用量下降30% ～ 70%[69]。

1991年以来，这一研究课题申请了多项专利。其中，中国发明专利"大比表面非晶态合金及其制备"获得1999年中国专利优秀奖；2006年1月，"非晶态合金催化剂和磁稳定床反应工艺的创新与集成"获得2005年度国家技术发明一等奖。

4.5.2　非晶态骨架镍发明的启示

非晶态骨架镍是利用冶金工业制造非晶态合金的急冷法和化学工业中制造催化剂的化学抽铝法制造出来的，所以它的重要启示是不同专业知识的交叉与集成能带来原始创新和集成创新。

这一原始创新的发明受过去科研开发经验的启示多：首先受到S形曲线的启示——要转移科学知识基础，于是设想把雷尼镍从晶态转移到非晶态；其次受到美国纽约州科学院"固态无机物的催化化学专题讨论会"上提出的选择新催化材料领域三原则的启示，考虑将非晶态合金作为新催化材料进行研发具有发展前景，我们于1985年决定在这一领域开展研究。

表4-3 非晶态骨架镍催化剂对几种药物中间体加氢效果

序号	反应物	反应条件				产物	催化剂消耗/(g/kg)	
		溶剂	温度/K	p_{H_2}/MPa	时间/h		雷尼镍	非晶态骨架镍
I	（间位带 OH、ONa 的苯环）	NaOH-H$_2$O	323	9.0	2.0	（带 =O、ONa 的环己酮）	100	50
II	H$_3$CO—（呋喃环）—OCH$_3$	NaOH-H$_2$O	303	1.0	3.0	H$_3$CO—（四氢呋喃环）—OCH$_3$	70	25
III	（带 NO$_2$、F、F、OCH$_2$CCH$_3$、O 的苯环）	H$_2$O	353	4.0	4.0	（带 NH$_2$、F、F、OCH$_2$CCH$_3$、O 的苯环）	500	300
IV	NO$_2$—（苯环）—CNHCH=CHN(C$_2$H$_5$)$_2$、O	乙醇	303～323	7.0	4.0	NH$_2$—（苯环）—CNHCH$_2$CH$_2$N(C$_2$H$_5$)$_2$、O	200	90
V	（苯环）—CH$_2$CN	乙醇	353～393	8.0	3.0	（苯环）—CH$_2$CH$_2$NH$_2$	100	70

49

这二十年的研发历程也是坎坷不平的，初期只用急冷法研制 Ni-P 非晶态合金，未获成功；后来转入急冷法与化学抽铝法集成来试制骨架镍，才终于走上成功之路，其后在工业化应用的过程也遇到很多困难。这也说明，要自主创新首先必须要有一个明确的目标，同时要坚定信心、克服困难、不怕失败，要有坚持到底的精神。

4.6 钛硅分子筛合成的创新

4.6.1 钛硅分子筛合成的创新过程

由于钛硅-1分子筛（简称TS-1分子筛）具有独特的催化氧化功能，分别在烯烃环氧化、环己酮氨肟化、醇类氧化、饱和烃氧化以及芳烃羟基化等反应上表现出很好的催化性能，具有重大的工业应用推广价值，所以对钛硅分子筛的合成也进行了大量研究。

最初的TS-1分子筛合成方法是意大利埃尼（Enichem）集团Taramasso等报道的传统有机水热合成法，即以正硅酸乙酯（TEOS）作硅源，钛酸乙酯（TEOT）或钛酸丁酯（TBOT）作钛源，四丙基氢氧化铵（TPAOH）作碱源和模板剂，在 N_2 气氛下，将TEOS与TEOT混合合成[33]。虽然采用这些方法合成的TS-1催化性能优异，但存在合成路线长，重复性不理想，且使用昂贵的TPAOH作模板剂，分子筛生产成本非常昂贵，限制了TS-1分子筛的推广应用。

为克服有机水热合成法的缺点，我们认为有必要开展TS-1分子筛合成方法的研究，包括TS-1分子筛合成原料的研究、不同合成路线的研究、晶化过程的研究、昂贵TPAOH热稳定性的研究、骨架钛

的表征、低成本TS-1分子筛的合成等方面。

1992年9月，杜宏伟来院攻读博士学位，开始进行"Ti-Si、V-Si分子筛合成新方法的研究"[70]。开发了一种新的合成钛硅类分子筛的方法——"硅球-低水"方法，该法以一定颗粒度和孔道大小的SiO_2小球为硅源，在体系中加入尽可能少的水，使得投入较少的有机碱便可发挥较大的作用。在这种合成过程中，晶化反应只发生在固-液界面处，硅胶小球逐层晶化，物料利用率大为提高。所合成的Ti-Si分子筛晶粒均匀，热稳定性良好。苯酚/双氧水反应结果表明，在水溶剂中，新方法合成的Ti-Si分子筛与有机法合成的Ti-Si分子筛表现出相近的催化性能。可以看出，采用"硅球-低水"方法合成Ti-Si分子筛，可以以廉价SiO_2小球取代价格昂贵的有机硅酯，降低了昂贵的有机碱用量，仅是有机法的1/3左右，单釜产率明显提高，合成过程简单易行，合成成本大为降低，此方法已申请了专利[71]。

为进一步降低Ti-Si分子筛成本，以廉价的TiO_2代替昂贵的钛酸四丁酯进行了实验，采用先低温老化后高温晶化的变温晶化方式合成出性能良好的TS-2分子筛。XRD（X-射线衍射）、IR（扫描式电子显微镜）、SEM（红外光谱）结果表明变温晶化不仅可以促进钛更多地进入分子筛骨架，而且有利于小晶粒分子筛的形成，有助于反应活性的提高。苯酚/双氧水反应结果表明，在水溶剂中，以TiO_2为钛源采用新方法合成的TS-2与用有机钛酯合成的TS-2具有相近的催化性能。该合成方法申请了专利[72]。

1997年4月开始，程时标来院进行博士后研究工作，他在Enichem专利合成方法基础上，参考Thangaraj的文献方法，将钛酸乙酯改为钛酸丁酯，并降低水解过程温度等措施，开发了一种改进的有机合成法。该方法具有在水解步骤中减少甚至避免锐钛矿生成的优点，也提高了TS-1分子筛的重复性。并利用ICP-AES（感耦等离子体原子发射光谱）、TEM（透射电子显微镜）、XRD、FT-IR（傅里叶变换红外光谱）和FT-Raman（傅里叶变换拉曼光谱）等物化方法研究TS-1分子筛的晶化过程，对晶化过程从开始到终结的变换有了深入认识[73]。

TS-1分子筛生产成本的关键是TPAOH的用量及其有效利用率，而TPAOH溶液在较高温度下会发生热分解反应，生成三正丙胺和正丙醇，因此，我们开展了TPAOH热稳定性的研究。考虑到TS-1分子筛的合成通常在175℃温度下晶化72h，首先考察了TPAOH溶液在170℃分解温度下的热稳定性情况。表4-4列出了分解温度为170℃时分解时间对TPAOH溶液热稳定性的影响。由表4-4看出，分解1h和2h，TPAOH的分解率分别为9.6%和23.7%；分解4h，TPAOH的分解率快速升高到52.1%；分解6h，TPAOH的分解率高达79%；之后随着分解时间增加，TPAOH分解速度变缓，分解12h和90h，TPAOH分解率分别达到87%和89%，分解基本达到平衡。由此看到，在170℃分解温度下，TPAOH在2～6h之间迅速分解生成三正丙胺和正丙醇。因此，在合成TS-1分子筛时采用170℃作为晶化温度在晶化初期可能不合适，以低于170℃为宜[74]。

表4-4　时间对TPAOH溶液热稳定性的影响（分解温度为170℃）

分解时间/h	TPAOH分解率/%
1	9.6
2	23.7
4	52.1
6	79.4
12	87.2
24	88.3
90	89.0

同时系统研究了在4h内不同分解温度的影响。分解温度小于150℃时，TPAOH的热稳定性较好，分解率<19%；当分解温度>150℃时，TPAOH的热稳定性较差，分解温度分别为170℃和200℃时，TPAOH分解率分别达到52%和89%。可以看到，TPAOH分解温度>150℃以上时，TPAOH将快速地进行热分解。因此提出低于150°C或分段晶化方式合成TS-1分子筛。新方法提高了TPAOH

有效利用率，TPAOH用量仅为传统法合成TS-1分子筛的1/3。运用N_2吸附-脱附、XRD、FT-IR和TEM等技术研究了改进后的低成本TS-1分子筛的物化性能。结果表明，改进后的低成本TS-1分子筛具有与传统法合成的分子筛基本相同的物化性能，晶粒尺寸为$0.2 \sim 0.4\mu m$，晶粒大小均匀，形状规整，结晶度高。在环己酮氨肟化反应上的环己酮转化率达到97％，环己酮肟的选择性达到99％，与传统法合成的TS-1分子筛催化剂的催化性能相似[74]。

同时，程时标也尝试了以无机硅钛源合成TS-1分子筛的新方法，该方法以硅溶胶为硅源，以极易溶于水且在水和模板剂中均稳定的无机化合物TiF_4为钛源。研究发现，无机原料合成TS-1分子筛能较好地避免具有副催化作用的锐钛矿TiO_2的生成，简化了操作步骤，提高了合成的重复性。

通过上述对TS-1合成和反应性能的研究，还发现：不同条件、不同实验室或不同的样品批次间合成的TS-1分子筛，具有与文献上相同的谱学特征，但催化性能却相差甚远，TS-1分子筛合成的重复性存在问题。不同的择形氧化反应需要不同的TS-1分子筛，同一氧化反应使用不同方法、原料或路线合成的TS-1分子筛会生成不同的副产物。具体针对当时开展的环己酮氨肟化反应来说，利用Enichem专利法和Thangaraj方法合成的TS-1分子筛在环己酮氨肟化上具有明显不同的副产物。使用专利法合成的TS-1分子筛，其副产物主要包括N_2、N_2O、NH_4N_2O、硝酸盐等无机化合物和环己烷的硝基物、环己烯基环己酮、环己烷的连氮化合物等有机物；而使用Thangaraj等合成的TS-1分子筛，其副产物主要有双环己基胺的过氧化物、2-环己基环己酮、2-（1-环己基-1-烯基）环己酮等。因此合成适合不同择形氧化反应的TS-1分子筛至关重要[74]。

1996年7月林民来院攻读汪燮卿院士的博士后。通过对合成机理研究，提出硅钛酯匹配水解和脱醇成核的合成新思路[75,76]。通过硅钛酯适度水解，使产生硅钛低聚物速率和程度相互匹配，应用醇转移和有机碱的模板作用成核，用变温晶化控制晶粒分布生产，将TS-1晶粒控制在100nm之内；同时，提出了重排方法，即TS-1合成中间体在胺类化合物和表面活性剂等助剂水热作用下，促进硅钛羟基缩合，使非骨架钛进入骨架，增加了活性中心，保证了合成的重复性，同时形成了形貌独特的空心结构（图4-5）。这种新型的钛硅分子筛（HTS）对催化氧化反应具有优良的活性、选择性和稳定性。纳米尺寸晶粒和空心结构均有利于反应物和产物的扩散，可有效抑制催化剂堵孔失活[77,78]。

图4-6所示为纳米级并具有空心结构的新型钛硅分子筛（HTS）和常规TS-1的吸附曲线。由图可以看出，HTS钛硅分子筛在低温氮吸附等温线和脱附等温线之间存在明显滞后环，而常规TS-1不存在滞后环，这说明它们的孔结构有明显差别，HTS结构存在大量介孔，而常规TS-1主要是微孔。HTS分子筛晶粒较小，直接作为环己酮氨肟化催化剂，可解决扩散问题，延长催化剂寿命，但在工业使用时难以分离，因此通过调节合成体系性质，使HTS分子筛一次粒子均为几十纳米，而且晶体中存在明显的空心结构，这也是其吸附等温线存在滞后环的原因：聚集后颗粒为300～500nm[78]。

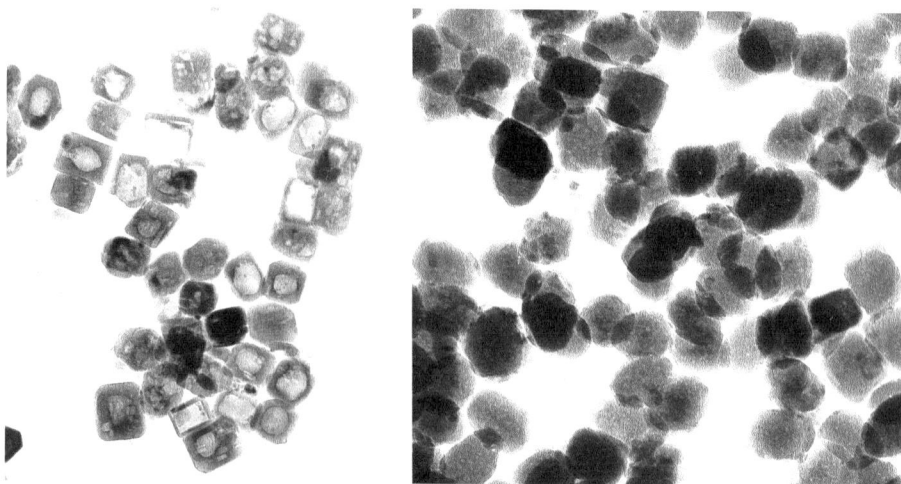

(a) HTS分子筛   (b) 常规TS-1分子筛

图4-5　HTS分子筛、常规TS-1分子筛的透射电镜（TEM）照片

(a) HTS分子筛

(b) 常规TS-1分子筛

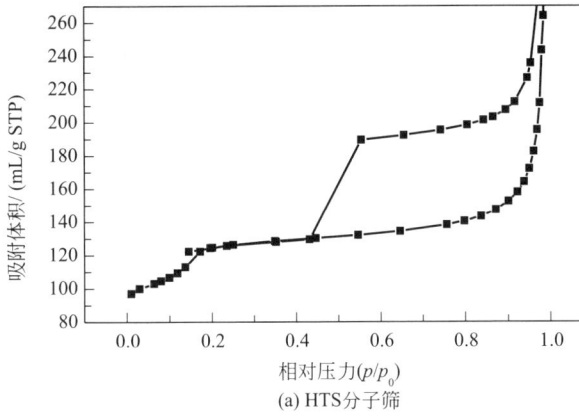

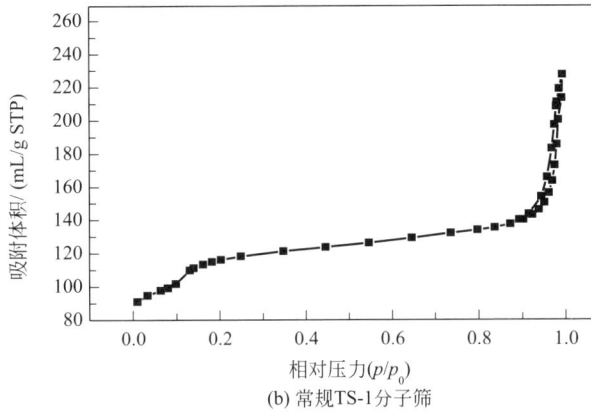

图4-6 HTS分子筛、常规TS-1分子筛的吸附曲线

图4-7所示为HTS分子筛催化剂环己酮氨肟化的试验结果。由于

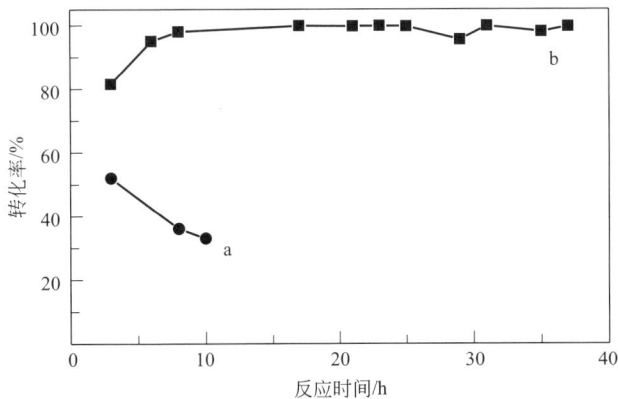

图4-7 环己酮氨肟化反应转化率
a—钛硅-1分子筛（TS-1）；b—钛硅分子筛（HTS）

环己酮氨肟化反应过程对TS-1分子筛的催化氧化活性要求更为严格，对于此反应，常规TS-1分子筛在较为苛刻的条件下，初活性不高，失活较快，见图4-7a；而HTS分子筛在相同反应条件下仍表现出良好的催化性能，经连续约40h的运转，环己酮选择性和转化率约为99%左右，基本能保持反应活性稳定，见图4-7b。说明对环己酮氨肟化制备环己酮肟的反应，HTS分子筛比常规TS-1分子筛具有更好的催化性能。

4.6.2　钛硅分子筛的创新启示

早在20世纪80年代，意大利就已率先研制出钛硅分子筛TS-1，由于其用于烃类催化氧化过程的优越性，受到各国石化研究人员的关注。由于钛与硅在原子半径、电子结构等方面存在显著差异，合成时钛很难进入分子筛骨架，导致制备成功率低、重复性差。

自TS-1出现后，石油化工科学研究院同时启动了钛硅分子筛基础研究，先后研究成功"硅球－低水合成方法"和"改进的有机合成方法"，最终成功研究一种空心钛硅分子筛的合成方法。

空心钛硅分子筛作为一种催化氧化新材料，其开发过程首先是理念的创新，突破了常规钛硅分子筛的局限，提出了空心结构的概念，通过独创的合成方法，实现了产品本身的创新。其专利权的获得，不仅仅是保护了合成制备这种分子筛的方法，还把将来不管用何种方法合成制备的空心钛硅分子筛都置于"版权"保护之列，这将为我国开发各种烃类催化氧化新过程及成套技术提供知识产权基础。目前，空心钛硅分子筛已工业化生产，并广泛应用于我国多套化纤单体己内酰胺的环己酮"原子经济"法生产环己酮肟中。

第五章

国外新反应工程创新案例

新反应工程是创造发明新工艺的必由之路，所以也是发明创造的重要领域，从近年的趋势看，国内外着重从反应、分离耦合、无机膜分离过滤等强化化工过程来发明创新。

5.1　反应、分离一体化

2004年美国总统绿色化学学术奖授予佐治亚理工学院（Georgia Institute of Technology）的Eckert教授和Liotta教授，他们研究出一种环境友好、性质可调的溶剂，实现了反应、分离一体化[79]。

每个化学品生产过程都由反应和分离两个步骤组成。一般在反应和分离过程采用同一种溶剂时，溶剂的优化也只是从反应的需要考虑。但分离步骤的成本约占总成本的60%～80%，而且对环境的影响也最大。

通常反应和分离的设计分开进行，但是Eckert教授和Liotta教授创造了用一系列新颖、环境友好、性质可调的溶剂将反应和分离结合的成功范例。

超临界二氧化碳、亚临界水和二氧化碳膨胀的流体等溶剂环境友好、性质可调，溶解性比气体好，传输性质比一般液体好，热力学条件如温度、压力、组成的微小变化都会带来溶剂性质巨大变化。这些溶剂也具有环境优势：不对操作人员身体健康构成危害，同时有利于减少废物排放，防止污染。这种新颖溶剂的使用将环境友好、减少废物排放、反应效率高有机地结合在一起。

Eckert教授和Liotta教授利用超临界二氧化碳调整反应平衡和反应速率、提高选择性、消除废物产生。他们第一次将超临界二氧化碳用作相转移催化剂反应相，使产品分离更彻底更经济，催化剂回收也

更有效；证明了在化学工业、制药工业中的重要反应所用的相转移催化剂都可以在超临界二氧化碳反应相中使用，包括手性合成反应。

研究小组用亚临界水代替传统有机溶剂实验了一系列合成反应。如酸、碱催化反应，利用亚临界水较强的分解能力，反应完成后无需额外加入酸或碱中和及盐的处理。利用二氧化碳膨胀的有机流体，促进均相催化剂如相转移催化剂、手性催化剂、酶等的回收。另外，他们还利用这些环境友好、性质可调的溶剂进行合成路线设计，以减少废物排放，并进行过程成本核算，验证了新技术商业化的可行性。

聚合物膜 5.2

2011年美国总统绿色化学更绿色反应条件奖授予了科腾高性能聚合物公司（Kraton Performance Polymers，Inc.）[80]。他们使用较少的溶剂制备了一系列无卤素的、高渗透性的聚合物膜——NEXAR^{TM}，应用于盐水的反渗透纯化过程，同样条件下，利用NEXAR^{TM}反渗透膜可以比传统膜多纯化100倍的水，从而节省70%的膜成本和50%的能耗。

科腾公司研发的NEXAR^{TM}聚合物膜技术，可以满足需要较高的水或盐通量的场合。NEXAR^{TM}聚合物膜为嵌段聚合物，不同链段提供不同功能：聚正丁基苯乙烯链段提供强度和硬度功能，乙烯-丙烯共聚物链段提供柔韧性，磺化苯乙烯-乙烯共聚物链段提供水或离子的通透功能，这类A-B-C-B-A5 嵌段共聚物在干燥和潮湿条件下都显示出高的强度和硬度。和其他聚合物合成过程相比，NEXAR^{TM}合成过程中，碳氢溶剂最多使用50%，根本不用含卤元素溶剂。最大的好处还体现在应用过程中。NEXAR^{TM}聚合物具有特别高的水通透量，比当前使用的反渗透膜高400倍。这也就意味着将会显著降低能耗和材料的使用成本。数学模型结果显示一个中等大小的反渗透工厂，保守估计也能够节省70%的膜成本和50%的能耗成本。

在电渗析反渗透应用领域，NEXAR™聚合物的高强度可使膜的厚度大大降低，因此使膜材料成本降低了50%，也降低了由于膜的阻力而形成的能耗成本。更重要的是，NEXAR™聚合物可以消除当前在电渗析领域普遍使用的PVC膜。NEXAR™膜出色的水透过性能，还可以应用于空调等通风设备中，其高水分子渗透特性帮助水分子进行更有效的传输，同时利用排出室内的污浊空气来加热或冷却输送进来的新鲜空气，提高了整体机组的能源回收效能。在其他需要湿度调节的应用领域，比如高性能的纺织品或衣服，添加NEXAR™聚合物还具有环保功能，可以完全替代含卤素的聚合物如Nafion聚合物和聚四氟乙烯。这样就避免使用危险的卤代反应的设备。

5.3 "过程强化"新反应器

在1995年召开的第一次化工过程强化国际会议上，C. Ramshaw首先提出：化工过程强化是指在生产能力不变的情况下，能够显著减小化工厂体积的措施。他认为，体积的减少在100倍以上才能够称为过程强化。A. I. Stankiewicz 和 J. A. Moulign 则认为，给定设备的体积减小2倍以上、每吨产品能耗降低、废物或副产物大量减少都可以看作是过程强化。因此，化工过程强化是指在生产和加工过程中运用新技术和新设备，极大地减小设备体积或者极大地增大设备生产能力，显著地提高能量效率，大量地减少废物排放。

ICIS2010年最佳发明奖授予来自苏格兰东基尔布莱德（East

Kilbride）的 NiTech Solution 公司。NiTech Solution 发明了一个"过程强化（Process Intensification）"的新型反应器，其专利的挡板反应器技术，改善了多相体系的混合，将工艺由间歇式改为连续式，节省投资、能耗和原料，同时保障产品质量更稳定[81]。

NiTech Solution 的"管式挡板反应器"于 2003 年首次用于世界著名的生物技术 Genzyme 公司的医药中间体（API）生产中。原计划 3 个 150m³ 的加压搅拌釜反应器，采用 NiTech 技术，反应器体积仅为 1m³，使气/液/固三相混合均匀，使反应速率提高 30 倍。目前正将 NiTech 推广应用于食品、制药工业，除用于强化反应，还正研究用于结晶过程，同时也与多所大学合作开展基础研究。

61

第六章

参与国内新反应工程创新的案例

多年来，我参与的新反应工程主要有悬浮催化蒸馏、磁稳定流化床、无机膜和超临界反应工程等。

6.1 悬浮催化蒸馏

反应与分离过程的耦合是国际上强化化学反应工程的一个重要发展方向，催化反应与蒸馏分离相结合的催化蒸馏技术是当时最为热门的研究领域之一。催化蒸馏技术与将反应与蒸馏分开进行的传统技术相比，具有转化率高、选择性好、能耗低、投资少等优点，国内外已广泛用于汽油高辛烷值组分（MTBE）的生产、MTBE分解制高纯异丁烯、C_5 馏分选择性加氢等工业生产，并正研究用于烷基化、异构化、叠合、水合等多种反应。

催化蒸馏技术的关键设备是催化剂构件。在催化蒸馏过程中，催化剂需要制成特殊的催化剂构件，布置在蒸馏塔的特定部位上，使之起到既加速化学反应又提供传质表面的双重作用。工业上采用的催化剂构件主要是催化剂捆扎包，如图6-1所示。它的制作过程是：先将催化剂颗粒装在玻璃布袋中，再与波纹丝网一起卷成一个一个的"捆扎包"，将这些"捆扎包"固定在蒸馏塔的特定部位。所以催化剂构件制造复杂、装卸和再生都很不方便，特别是，制造催化剂构件要用较大颗粒的催化剂，催化剂颗粒内部的传质阻力大，催化剂的效果难以得到充分发挥。

于是，我的博士研究生单志平设想将催化剂粘连到蒸馏填料上去解决，开展了"分子筛/不锈钢催化元件的制备"的研究，成功地将HZSM-5分子筛合成在一个不锈钢板上。但分子筛在不锈钢板的分布上面均匀，下面不均匀，而且部分HZSM-5分子筛长到了合成釜内壁上[82]。

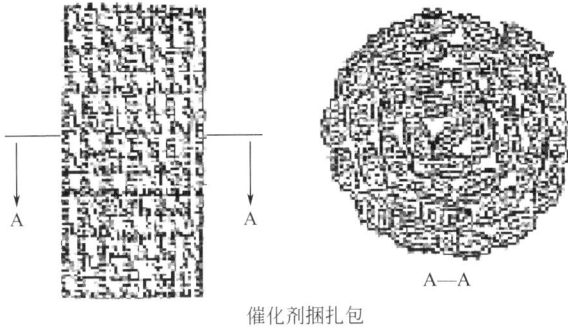

催化剂捆扎包

图6-1 传统的催化蒸馏技术的催化剂构件

6.1.1 悬浮催化蒸馏新构思的形成

1995年，温朗友来石油化工科学研究院攻读在职博士生，首先让他尝试将β分子筛粘到不锈钢填料表面。经过三个月的探索试验后，他发现β分子筛在一片不锈钢片的平面上生长比较容易，在异形的蒸馏填料各个方向的表面均匀牢固地生长却很不容易（分子筛在不锈钢片表面的状态如图6-2所示）；他还发现在实际催化蒸馏应用过程中，催化剂构件要经受较大梯度的升温和降温过程，由于不锈钢和分子筛材质不同，升温降温过程中分子筛容易脱落。这些都是分子筛/不锈钢催化蒸馏构件工业化应用难以解决的技术难题。尤其重要的是，他发现有些分子筛从不锈钢构件表面脱落下来了，而这些催化剂粉也在反应中仍然起作用。我们讨论后，立即想到：何不摈弃催化剂构件的想法，而直接采用粉状催化剂来进行催化蒸馏过程呢？

直接采用粉状催化剂进行催化蒸馏的过程，被我们命名为悬浮催化蒸馏（Suspension Catalytic Distillation，简称SCD）。在悬浮催化蒸馏中（图6-3），催化剂悬浮分散在原料中，随原料进入反应塔，在塔中由于上升蒸气的搅拌作用而处于分散、悬浮状态，在塔盘上进行催化反应。这样不需制作、装卸催化剂构件，还可减少传质传热阻力，充分发挥催化剂的效率。因此SCD既保留了催化蒸馏的优点，又克服了催化蒸馏因采用催化剂构件所带来的问题。SCD是一项化工过程强化中的原始创新。

图6-2 分子筛在不锈钢片表面的状态
0—不锈钢基片；A～D—分子筛晶体大小和分布不均匀；
E—分子筛均匀、牢固、完全地覆盖在基片上

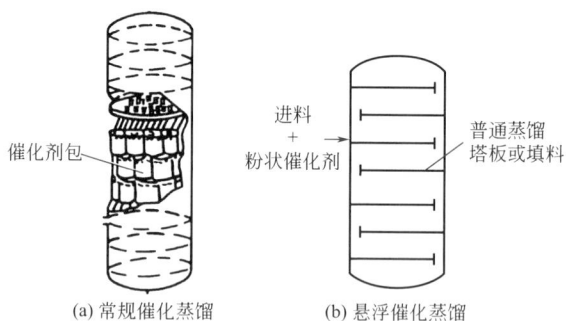

图6-3 常规催化蒸馏与悬浮催化蒸馏比较

6.1.2 悬浮催化蒸馏反应的研发

为了研究悬浮催化蒸馏的工业应用，在实验室建立了一个玻璃填料塔，以丙烯与苯烷基化合成异丙苯为模型反应进行研究。采用粉状的β分子筛进行试验，发现这种分子筛与苯形成的混合液的黏度很大，造成物料通过填料层的阻力太大。后又用杂多酸催化剂试验，发现杂多酸在烷基化反应中的活性高，与苯形成的悬浮液的黏度也小，能够运转一段时间。但后来，塔的压力逐渐增大，导致无

法运转。将塔卸开，发现在填料表面聚集了大量的磷钨杂多酸催化剂，造成塔的堵塞。分析其原因，主要是杂多酸密度太大造成的。为了减少杂多酸的密度，将杂多酸负载在粉状二氧化硅载体上，就能长时间稳定运转了。这样经过蜿蜒曲折的道路，攻克了几道难关，终于开发成功了"悬浮催化蒸馏"反应工程。温朗友以上述创新研究成果撰写了博士毕业论文，并获得了1998年度侯祥麟基金优秀论文奖[83]。

除研究丙烯与苯烷基化外，还研究了悬浮催化蒸馏用于直链烷基苯合成、苯加氢制环己烷、优质油料与乙醇酯交换制生物柴油等。并成功进行了十二烷基苯的合成的中型试验，显示了悬浮催化蒸馏的优越性[84]。

十二烷基苯是合成洗涤剂的主要原料，目前工业上仍主要采用HF为催化剂。HF活性高，反应条件缓和，但毒性大，对设备腐蚀和环境的污染严重，且工艺流程复杂。国外已开发成功以氟化硅铝为催化剂的固定床烷基化工艺，但反应温度和压力较高，苯烯比大，且由于催化剂很容易失活，故需要采用双反应器，24h切换再生催化剂。采用悬浮催化蒸馏进行模式试验后，取得了表6-1所列试验结果。

表6-1 十二烷基苯合成的悬浮催化蒸馏工艺和固定床工艺比较

参　　数	SCD工艺（HPA负载催化剂）	固定床工艺（硅铝催化剂）
反应条件		
温度/℃	100～120	180～200
压力/MPa	0.1	2～4
苯烯比	1～2	20～40
反应结果		
十二烯转化率/%	100	100
选择性/%	99	95

表6-1中的实验结果显示，采用SCD新工艺合成十二烷基苯，反应温度、压力和进料苯烯比远低于固定床工艺，而反应选择性高于固定床工艺[85, 86]。悬浮催化蒸馏小试试验和模式试验装置如图6-4、图6-5所示。

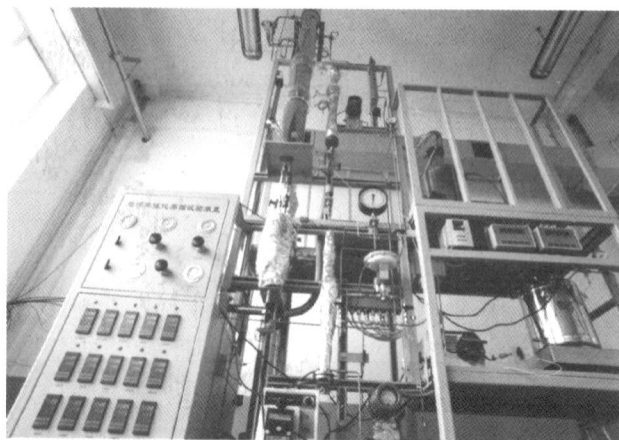

图6-4 悬浮催化蒸馏小试试验装置

图6-5 悬浮催化蒸馏模式试验装置

6.1.3 悬浮催化蒸馏创新的启示

反应与分离过程的耦合是国际上强化化学反应工程的一个重要发

展方向，催化蒸馏是当时热门研究领域，并已实现多种工业化工艺，但是"事物总是一分为二"的，有优点，必有弱点或缺点。正是从克服这一技术的弱点出发，决定去寻找新途径，所以对科学研究，要有勇气去找出弱点，还要有勇气去克服。

悬浮催化蒸馏新构思的形成，正是走过这一艰难曲折的过程，从制备"分子筛/不锈钢催化元件"开始，到发现脱落的分子筛粉起催化作用，又到发现悬浮液黏度太大，引起通过塔或盘的阻力太大，后又发现负载在二氧化硅上的磷钼杂多酸容易脱落，堵塞塔盘，最后找到将杂多酸负载在粉状二氧化硅上的解决方案，经过蜿蜒曲折的道路，终获成功。所以攻克缺点，还要从自己的技术优势出发，实践、认识、再实践、再认识，一直坚持下去，才会"山重水复疑无路，柳暗花明又一村"。

磁稳定流化床 **6.2**

20世纪60年代，高活性的分子筛裂化催化剂出现以后，首先是在原有催化裂化的床层流化床反应器中使用，反应时间为几分钟，由于反应时间过长，造成催化剂上更多积炭，选择性变坏。于是开发了提升管反应器，反应时间为几秒钟，使分子筛的高活性、高选择性充分发挥。这使我认识到：一个新催化材料发现后，要配套开发新型反应器来充分发挥其优越性。因而在发明非晶态骨架镍后，就思考如何开发配套的新反应器。

我于1970年去伊朗参加第二届国际化学工程会议时，听到埃克森（Exxon）公司关于磁稳定流化床的报告，开始认识到磁稳定流化床是一种新型反应器，具有流化床和固定床的优点；后来又读到埃克森基础研究实验室主任在美国西北大学所作的一份报告，他把金属原子簇、液膜分离、磁稳定流化床作为长远研究的领域。这使我进一步认识到磁稳定流化床的重要意义，于是决定在磁稳定流化床开展导向性基础研究。

6.2.1　磁稳定流化床的特点

决定开展磁稳定流化床研究后，就组织力量开展了一次有关国内外磁稳定流化床的调研。

20世纪60年代，国外研究了在非均匀、非恒定的磁场中铁粉和水形成的磁流化床的特性，得到了操作相图[87]。在专利中正式使用了"磁稳定流化床"这一术语，公开了一种能稳定和抑制磁化床中气泡形成的方法[88]，描述了轴向和横向的交流或直流磁场来使铁粒子流化床稳定的过程，同时指出，铁粒子在强磁场下处于磁滞状态[89]。

20世纪70年代末，人们才开始对磁稳定流化床进行系统的研究。1978～1979年，埃克森公司申请了两项磁稳定流化床的专利，在"Science"上发表了磁稳定流化床的论文。他们研究的磁稳定流化床一般由铁粉或铁粉和非铁磁性粒子的混合物组成，而且处于均匀、恒定的磁场中，磁场与流化气流呈轴向对应关系[90]。

20世纪80年代，我国科研工作者开始对液固和气液固磁稳定流化床进行系统的研究，报道了不同磁场下，以钢球为固相的液固系统磁稳定流化床的三种操作形式：散粒形式、链状形式和磁聚形式，并提出了预测床层空隙率和各种操作形式间过渡条件的数学关系式[91]。

总结前人的研究结果可以发现，磁稳定流化床是以磁性颗粒为固相，在轴向、不随时间变化的空间均匀磁场下形成的只有微弱运动的稳定床层，它是磁场流化床的特殊形式。磁稳定流化床兼有固定床和流化床的许多优点：①它可以像流化床那样使用小颗粒固体而不至于造成过高的压力降，外加磁场的作用有效地控制了相间返混，均匀的

空隙度又使床层内部不易出现沟流；②细小颗粒的可流动性使得装卸固体非常便利；③使用磁稳定流化床不仅可以避免流化床操作中经常出现的固体颗粒流失现象，也可以避免固定床中可能出现的局部热点；④磁稳定流化床不仅可以在较宽范围内稳定操作，还可以破碎气泡、改善相间传质。总之，磁稳定流化床是不同领域知识（磁体流动力学与反应工程）结合形成新思想的典范，是一种新型的、具有创造性的床层形式。从文献中可以看出，前人对磁稳定流化床的研究大多采用铁粉、钢球等惰性磁性颗粒，而非具有磁性的催化剂，所用介质一般为空气和水，尚未采用工业反应体系，而且气固、液固两相的研究多，气液固三相的研究少。

1998年非晶态骨架镍在中国石化巴陵分公司引进的连续搅拌釜反应器中试用成功后，显示了非晶态骨架镍不仅具有优异的低温加氢活性，而且还有磁性，这样就有可能克服现有非晶态骨架镍用于釜式反应器中返混严重、分离困难等缺点，于是决定去研发磁稳定流化床加氢新工艺[92~98]，1998年，孟祥堃来石油化工科学研究院攻读博士后，确定由他来进行这项研发工作。

6.2.2 磁稳定流化床小试及冷模研究

在实验室里，开展了小型热模试验研究。研究结果表明，在磁稳定流化床反应器中使用非晶态骨架镍催化剂可以使30%己内酰胺水溶液的PM值从100s提高到5000s以上。PM值是表征己内酰胺水溶液中不饱和杂质含量的指标，PM值越高，表示己内酰胺水溶液中不饱和杂质含量越低，说明加氢效果越好。同样条件下，当使用搅拌釜反应器时，加氢后己内酰胺水溶液的PM值只有800s。同时考察了各种因素对加氢反应的影响规律，优化了工艺条件，并进行了1350h的非晶态骨架镍稳定性试验。同搅拌釜式反应器相比，磁稳定床反应器中催化剂耗量可降低一半以上。

　　磁稳定床与固定床不同，又有别于常规流化床，有其自身的复杂性。为了给磁稳定床反应器的放大提供科学知识基础，为了研究液固和气液固磁稳定床的流体力学特性，决定建立冷模装置进行实验。

　　最初计划将装置搭建在石油化工科学研究院培训楼一层实验室。1999年3月，八个电磁感应线圈从岳阳运到了石油化工科学研究院，每个电磁感应线圈重达260kg。研究人员犯愁了：如何将这些线圈搬到实验室里去呢？得知这种情况后，我立即请石油化工科学研究院保卫处派来几个经济民警，大家肩扛手抬，费了好大的劲才把八个电磁感应线圈搬了进去。搬到实验室后，才意识到根本不可能在这里作试验，因为安装这套冷模装置要打很深的地基，实验时空气压缩机和进料水泵的噪声会影响楼上的研究生上课。我与工厂联系后，决定还是到工厂去做试验。这样，电磁感应线圈及其他设备又从北京运回了岳阳。经过两个多月的安装调试，磁稳定床中试冷模装置在鹰山石化厂研究所的实验大厅里建成了。

　　1999年，重点建立冷模装置，研究了液固两相磁稳定床流体力学特性和气液固三相磁稳定床流体力学特性。建立的冷模实验装置如

图6-6　磁稳定床冷模实验装置

图6-6所示。随磁场强度增加，床层磁化结构依次为散粒、链式和磁聚状态，如图6-7所示。

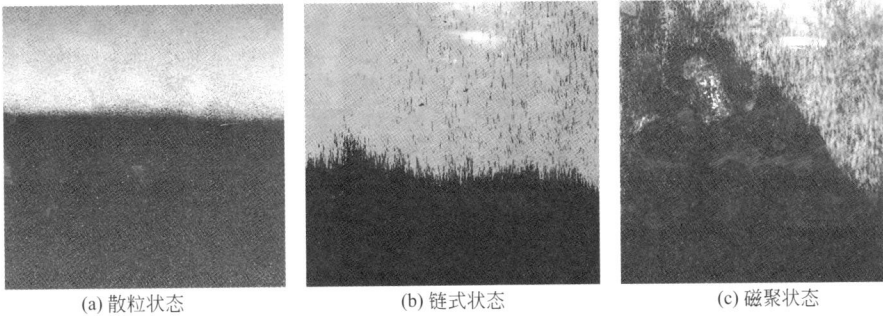

(a) 散粒状态　　　　　(b) 链式状态　　　　　(c) 磁聚状态

图6-7　不同磁场强度下的床层操作状态

后来，又对磁稳定床中最小磁化速度、颗粒带出速度等进行了系统研究，得出了由非晶态骨架镍和水形成的液固两相磁稳定床的操作相图，见图6-8，用以指导磁稳定床在链状区操作。

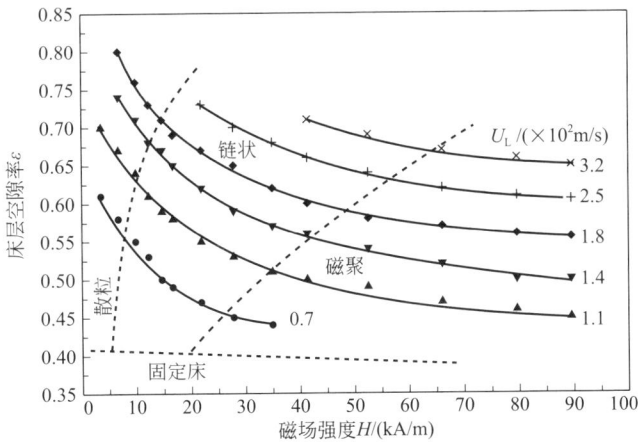

图6-8　非晶态骨架镍和水形成的液固磁稳定床操作相图

磁稳定床的工业化需要设计具有均匀磁场的磁稳定床反应器，于是设计制造了四种不同尺寸的线圈，研究了磁场轴向、径向分布规律，考虑了各种参数对磁场的影响。根据这些结果，设计了磁场均匀的磁稳定床反应器，如图6-9所示。其中，采用特殊设计的磁格栅内构件，实现磁场径向均匀分布；巧妙安排电磁感应器布局，实现磁场

73

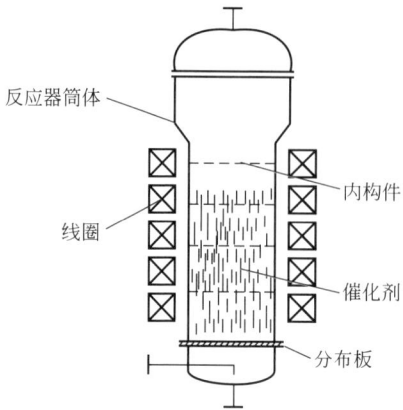

图6-9 磁稳定床反应器结构示意图

(图中标注) 反应器筒体　内构件　线圈　催化剂　分布板

轴向均匀分布；采用强制水冷取热，实现长周期安全、稳定运转。此外，还建立了均匀磁场设计的数学模型。

对于气液固三相磁稳定床流体力学特性的研究结果显示，当气速较低时，三相磁稳定床中开始通入气体时床层有收缩现象。当气速较低时，三相磁稳定床中的固相状态与液固磁稳定床类似，床层膨胀特性与液固磁稳定床类似，但床层不如液固磁稳定床稳定，床层上界面不清晰。床层中气体流动分为气泡聚并区和气泡分散区：当液速较大、磁场强度较低时，床层操作处于气泡分散区；当液速较小、磁场强度较高时，床层操作处于气泡聚并区。最小流化液速随气速增大而降低，固体颗粒带出量随气速增大和磁场强度降低而增多。床层中平均气含率随气速和磁场强度增大而增大。由于气泡尾涡夹带固体颗粒，气液固三相磁稳定床有细颗粒流失现象。为了回收利用催化剂，提出了新型液固磁分离方法，研制了新型液固磁分离器，实验考察了各种参数对磁分离效果的影响。结果表明，利用新型液固磁分离装置，固体回收率可达99%，且具有回收的固体颗粒能自然循环回反应床层，处理能力大，投资少、操作费用低等优点。

6.2.3 磁稳定流化床中试研究

2000年，在冷模试验的基础上，建立了6000t/a中试装置，以侧线方式建立在工业装置旁边，原料由工业装置的原料系统引入，加氢后又回到工业装置，这样才可能提供大量具有代表性的原料进行试验。试验按三种方案进行：①溶解氢磁稳定床加氢方案；②搅拌釜与液固两相磁稳定床串联加氢方案；③气液固三相磁稳定床加氢方案。

中试装置如图6-10所示。

图6-10 磁稳定床己内酰胺加氢精制中试装置

试验结果证明，三种方案各有其特点。搅拌釜与磁稳定床串联方案加氢效果更好，空速也可较大，但相对投资较高，催化剂需循环，该方案比较适合已有搅拌釜式加氢装置的技术改造；溶解氢方案与气液固三相方案投资较少，操作更方便，适合于新建加氢精制装置。但需要注意的是，气液固三相磁稳定床加氢方案中，当空速较高时有催化剂带出，不宜在高空速下运行。对于新装置建设，溶解氢磁稳定床加氢方案更佳。

试验还说明：

（1）对于PM值为40～60s的30%己内酰胺水溶液，经磁稳定床己内酰胺加氢精制（三种方案）后PM值可达2000～4000s，加氢效果均显著优于现有工业搅拌釜工艺（工业搅拌釜工艺加氢后PM值为

$200 \sim 400s$）。

（2）三种方案中，新建装置以溶解氢磁稳定床方案更佳，该方案加氢效果好，操作弹性大，催化剂带出少，劳动强度低。溶解氢磁稳定床己内酰胺加氢精制的适宜条件为：采用静态混合器溶氢，溶氢压力为$0.7 \sim 1.1MPa$，氢液体积比为$0.7 \sim 1.5$，温度为$80 \sim 100℃$，反应压力为$0.4 \sim 0.9MPa$，空速为$30 \sim 50h^{-1}$，磁场强度为$15 \sim 32kA/m$。

（3）溶解氢磁稳定床己内酰胺加氢精制过程中，非晶态骨架镍催化剂寿命可达3500h以上，与现有工业搅拌釜加氢相比，催化剂耗量可降低70%，还可节省电耗，具有显著的经济效益。

（4）搅拌釜与磁稳定床串联方案加氢效果好，空速可较大，适合已有搅拌釜式加氢装置的技术改造。

此外，还建立了己内酰胺水溶液加氢精制的液固磁稳定床反应器数学模型，对处理能力为6000t/a的中试液固磁稳定床反应器进行了模拟，模拟结果与实验结果吻合良好。并对处理能力为$7 \times 10^4t/a$的工业磁稳定床反应器进行了模拟计算，为工业磁稳定床反应器的设计奠定了基础。

6.2.4 磁稳定流化床工业实施

2003年，在石家庄化纤有限责任公司建成了国际上第一套磁稳定床己内酰胺加氢精制工业装置，如图6-11所示。与搅拌釜反应器相比，反应器体积由20m³降低为3.2m³；催化剂单耗由0.21kg/t己内酰胺降低到0.06kg/t己内酰胺；同时提高己内酰胺优级品率，取得了巨大的经济效益。

多年的工业实践证明：非晶态骨架镍/磁稳定床加氢工艺特别适合加氢精制脱除微量杂质。对于杂质含量特别低的原料，耗氢量低，原料中的溶解氢即足够反应需要，这时形成了一种只有液固两相的磁

稳定流化床，能实现高空速操作，较搅拌釜特别具有优越性。

图6-11　磁稳定床己内酰胺加氢精制工业装置

6.2.5　磁稳定流化床的启示

磁稳定床己内酰胺加氢精制新工艺的工业应用成功，对于开发原始创新和集成创新有下列启示：

（1）1970年去伊朗参加第二届国际化学工程会议，扩大了视野，了解到磁稳定流化床这一国际前沿新反应工程的优越性，这才使我在非晶态骨架镍研究成功后，在配套开发新反应工程时想到磁稳定流化床。这说明了博学广识、了解国际科技前沿的重要性。

（2）新催化材料发明后，要配套开发新反应器是开发这项新工艺的关键。这条思路来自分子筛催化剂发明后，配套开发提升管反应器的启示。同时也说明新催化材料与新反应工程的集成往往能形成集成创新。

77

（3）在开发一个前人没有涉及的新工艺过程中，需要开展一系列导向性基础研究去奠定科学技术知识基础才能攻克科技难关。如，液固磁稳定床流体力学特性和相关的相图；实现磁稳定床均匀磁场设计的数学模型等。所以，必须进行导向性基础研究以获得全新的科学知识基础。

6.3　无机膜分离与应用

6.3.1　无机膜分离

从1993年起，在国家科技部、国家自然科学基金委员会和国家计委产业化专项等组织资助下，历时10年，我国无机膜的产业化经历了从无到有的发展，目前应用广泛的陶瓷微滤膜和陶瓷超滤膜已经在我国实现了产业化，自主开发的数十套工业装置已在食品、生物工程、化工、石油化工、环境工程等领域成功应用，膜催化等领域的研究也展现出良好的发展前景。

无机膜具有聚合物分离膜所无法比拟的一些优点[99]：①化学稳定性好，能耐酸、难耐碱、耐有机溶剂；②机械强度大，担载无机膜可承受几十个大气压的外压，并可反向冲洗；③抗微生物能力强，不与微生物发生作用，可以在生物工程及医学科学领域中应用；④耐高温，一般均可以在400℃下操作，最高可达800℃以上；⑤孔径分布窄，分离效率高。

无机膜已在我国广泛应用。无机膜在环保工业中的应用，包括无机膜处理乳化液废水、油田采出水等含油废水以及在化工、纺织与造

纸废水等。无机膜在食品工业中的应用，包括无机膜在牛奶工业、果汁生产、酿酒行业以及调味品生产中的引用。无机膜在生化与制药工业中的应用，包括无机膜在抗生素生产、发酵液澄清、中成药精制等方面的应用。无机膜在石油加工中的应用，已在沥青油中的溶剂回收、重整油中的催化剂回收中应用等。

6.3.2 50m³淤浆床单釜反应器中无机微孔陶瓷膜的选择和应用

2000年以来，对合成纤维单体己内酰胺引进装置的消化、吸收、再创新中，对于核心的环己酮氨肟化工艺，开发了钛硅分子筛催化环己酮氨肟化制备环己酮肟的全新工艺技术，该工艺直接使用HTS钛硅分子筛原粉作催化剂，采用单釜连续淤浆床反应釜，如何去实现亚微米级催化剂的连续分离和循环使用，就成为关键。为实现直接使用亚微米级HTS钛硅分子筛原粉作催化剂对亚微米级催化剂的分离和循环利用，提出了采用微孔陶瓷膜错流过滤的技术方案。当时淤浆床单釜反应器的容积为50m³，所以这也是无机膜第一次如此大规模的研发。在石油化工科学研究院、巴陵石化分公司和南京工业大学的合作下，开始了研发工作。

（1）无机膜分离设备的排列组合优化单管微孔陶瓷膜如图6-12所示[100, 101]。

试验中首先考察了3个膜组件串联时的组合，发现沿程阻力降过大，设计的膜过滤面积有富余，仅需4根膜管就能满足工艺要求。后又考察对比了2个膜组件串联或并联使用时，膜的过滤通量、跨膜压差的变化。膜通量是在一个较短时间内测得的单位膜面积的最大过滤通量，测量过程中膜管的轴向压降和跨膜压降均维持稳定。可以看到，两种不同排列方式下，膜组件串联使用时因前部组件与后部组件浆液侧压力不同（清液侧压力相同），使得跨膜压差不同，共得到三组跨膜压差下的试验结果；不同跨膜压差下膜通量有着明显的差别，其中并联使用时跨膜压差和平均膜通量居中，膜分离系统轴向压降最小。因此，膜管的排列首先应尽量减少轴向压降，使得各膜管的跨膜压差均匀因而膜过滤通量更均匀，即采用膜组件并联方式；如需要的膜组件数量较多使得浆液循环流量过大，最多不宜超过二级串联方式。膜的设计过滤通量可大于500L/($m^2 \cdot h$)。这样就奠定了50m^3容积淤浆床反应器中单管微孔陶瓷膜的设计基础。

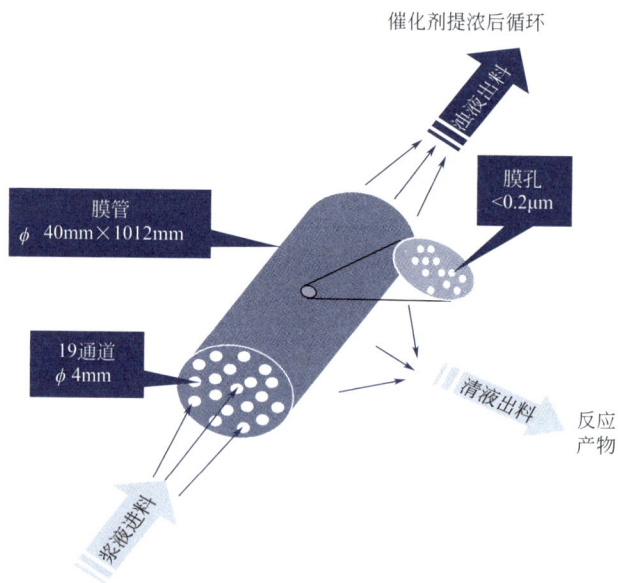

图6-12　单管微孔陶瓷膜过滤示意图

（2）钛硅分子筛粘壁现象与解决措施

在中试装置的运行过程中，发现催化剂在反应浆液循环系统金属材质的内壁存在较为严重的黏附现象（以下称粘壁，见图6-13），在研究了管道材质、不锈钢波纹管、螺旋弹簧管、四氟乙烯衬里管道等的影响后，确定采用下列措施既能防止粘壁现象发生：①管道较小的管道宜采用不锈钢波纹管；②大管道宜采用四氟乙烯材料衬里；③管道设计中要注意流速，减少死角。

(a) 封头处粘壁现象   (b) 管线粘壁现象

图6-13 中试装置催化剂粘壁照片

6.3.3 环管反应器中无机微孔陶瓷膜的选择和应用

在对己内酰胺核心工艺环己酮氨肟化工艺的开发过程中，除了工业化的单釜连续淤浆床工艺外，也创新性地进行了环管反应器集成无机微孔陶瓷膜膜分离的研究。2007年，在巴陵石化分公司建立了一套有效容积约3m³的环管反应器，分子筛采用带返冲的膜分离系统进行循环，在工业条件下进行了90天试验，取得下列结果：

（1）双氧水有效利用率比工业装置高，环管反应器中采用双氧水/环己酮（摩尔比）＝1.06～1.08，工业中的是1.12～1.18。

（2）能耗应比现工艺低，因为减少了搅拌功耗。

（3）反应器效率高，环管反应器几乎可采用满反应器操作，而搅拌釜为气相留出约30%体积。

同时，李永祥等以环管反应器为基础，申请了"一种环己酮肟的制备方法（CN200610089035.2）"[102]和"一体化反应分离设备（CN200610089038.6）"[103]两项专利。上述环管反应器研发工作后来虽未继续，但也是一个原始创新的好起点，特别是引入高浓度（50%）双氧水来大幅度提高反应速率等新构思，值得继续研发。

81

6.4 亚临界/超临界反应工程

　　超临界反应工程是基于超临界流体的特性在反应工程中的应用。超临界流体的特点是具有高溶解度和高扩散系数。根据物质的相图，调节温度与压力、即可进入超临界相，最常见 CO_2 流体相态如图6-14所示。

　　超临界反应工程在石油化工中应用可以改善反应选择性，增加反应速率，减少反应相数，同步实现反应和分离。国外，已在超临界条件下，对环氧丙烷的制备、环己酮肟重排、环己酮胺肟重排制己内酰胺、对苯二甲酸（聚酯原料）的制备等反应进行了研发。我们针对生物质的利用，在超临界反应工程领域研究下列反应：

① 亚临界的生物柴油生产工艺；

② 亚临界二段反应的生物柴油生产工艺；

③ 脂肪酸甲酯超临界加氢制备脂肪醇新工艺。

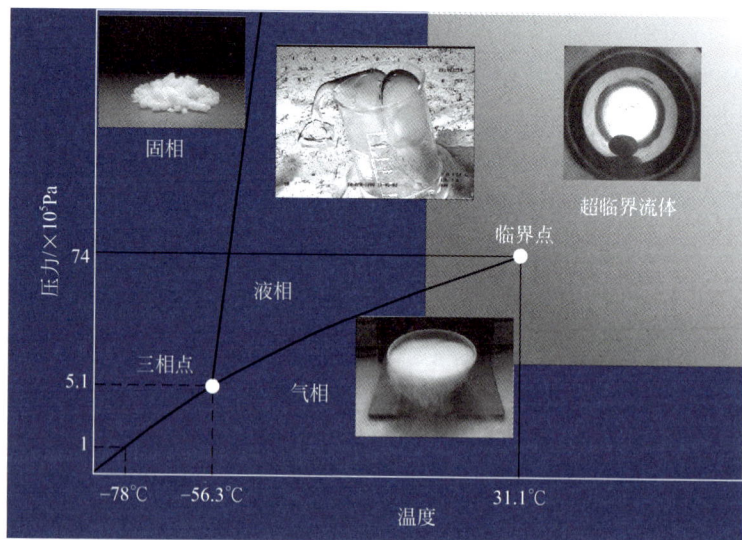

图6-14　CO_2 流体相态示意图

6.4.1 亚临界的生物柴油生产工艺

(1) 我国生物柴油原料的调研

发展生物柴油,原料是关键。世界各国都是根据自己的国情选择生物柴油原料的。美国大量生产大豆,因此原料主要是大豆油。欧盟国家适宜于油菜生长,这些国家利用休耕地种植油菜,生产双低菜籽油生产生物柴油。马来西亚和印尼是世界主要的棕榈油生产国,生物柴油厂都采用棕榈油为原料。巴西特别适合种植蓖麻,因而采用蓖麻油发展生物柴油。所以,我国发展生物柴油,要采用什么原料,就是首先要调研的问题[104]。

我国虽然是一个油脂生产大国,但我国人口众多,油脂食用消费数量巨大,每年需要进口千万吨以上的大豆来榨油,同时也大量进口棕榈油等植物油。因此,我国生产生物柴油采用可食用的菜籽油、花生油、大豆油等植物油,势必会造成"与人争油"的局面,这是不符合国情的。但是我国有大量的餐饮业废油、榨油厂的酸化油、废弃的动物油脂可以利用。同时,我国山地丘陵很多,山地资源丰富,但土地层薄、肥力差、缺水等因素不适宜于农作物生产,而木本油料植物具有野生性,耐旱、耐贫瘠,正适合在这些地区生长。目前我国已大量种植麻枫树、黄连木等生物柴油原料。但是,这些野生植物油还要有一个培育、生成过程,近期还不可能大量供应作为生物柴油原料,因此当前只能以酸化油、餐饮废油等废弃油脂为原料,同时,使用废弃油脂作为原料还有下列优点:

① 采用废弃油脂生产生物柴油,全年可不分季节供应,也不需要培养木本油料作物的早期投入;②废弃油脂价格便宜,原料成本低;③生物柴油作为柴油的替代品在国内市场缺口大,销售前景好;④生物柴油不含芳烃和硫化物,是一种清洁优质柴油。

我国废弃油脂资源丰富,据不完全统计总量约10Mt左右,其中酸化油1Mt、餐饮废油(地沟油)3Mt、存放过期的食用油1Mt、动物脂肪 5Mt。

（2）废弃油脂加工生产生物柴油工艺的调查

确定废弃油脂为原料生产生物柴油后，开展了此类原料加工工艺的调查。

对于废弃油脂加工，常规方法采用二段反应：先酸催化脂肪酸与甲醇反应，再采用碱催化三油三酸酯与甲醇进行酯交换来生成生物柴油。我国民营企业和国外均采用这种工艺。但是这种工艺不仅工艺流程长，要经过多步分离和洗净，而且要用液酸、液碱催化剂，同时洗净产生大量废水，不是一种绿色工艺。

国外正开发的直接处理劣质高酸值油脂的工艺有酶催化酯交换工艺和超临界酯交换工艺。酶催化工艺具有反应温度低、压力缓和、甘油容易沉降分离、废水排放少等优点，但催化剂浓度高，反应时间长，反应效率低，酶容易中毒，且价格昂贵。目前，国内在开发固定化酶生产生物柴油技术等方面已取得良好进展。国外正在开发的超临界酯交换工艺是在超临界状态下用劣质原料生产生物柴油，其优点是无需催化剂，反应时间短，不产生皂类，产物容易分离；缺点是油脂转化率低，醇油比高，压力高达 45～60MPa、温度达 350℃以上，要在工业上应用，必须克服这些缺点，于是组织了杜泽学、王海京等成立研发小组来攻关。

（3）近临界生物柴油生产工艺的开拓 [105～107]

从导向性基础研究入手，指导博士研究生开展了《超临界醇解生产生物柴油动力学和工艺过程研究》、《近临界状态下甘油三酸酯醇解反应应用研究》。通过对超临界相平衡、热力学以及动力学等研究，认识到降低超临界醇解反应条件的苛刻度是可能的，于是决定进行一个"火力侦察"的探索性试验。

那时正是"非典"肆虐的时候，出差基本上取消了，无法去外地购买所需的高压设备。杜泽学自己设计了一种高温、高压的小反应器，由机修厂生产了 10 个。把这种小反应器放进马弗炉进行试验，

发现在较低的反应温度下两相的物料也能变成一相，分析研究室又积极配合，建立了一个分析方法，证实有些实验的转化率已达到60%。这些结果验证了基础研究的一些预测。他马上把这个喜讯告诉了我，我很高兴。

2003年年底，石油化工科学研究院向中国石化科技开发部申请了"清洁生物柴油调和组分成套加工技术的开发"。

生物柴油专题组开展了大量的研究，针对餐饮废油、榨油厂酸化油，发明了诱导剂技术，降低了反应压力与温度，大大降低了投资和操作费用。采用诱导剂技术大大缓和了国际上报道的超临界工艺的压力和温度，进入到亚临界领域，形成了亚临界的生物柴油生产工艺，这项工艺被命名为SRCA工艺。

2005年7月，亚临界酯转化工艺（SRCA工艺）完成了小试试验，中国石化科技开发部组织了评议。评议认为：SRCA工艺对原料适应性强、操作灵活，高酸值油料不需预处理可直接加工，工艺流程短，三废排放少，申请5项中国发明专利，具有自主知识产权，建议进行中试试验。

2006年5月建成中试装置（图6-15），克服了换热器积垢、堵塞等问题，采用几种餐饮业废油、榨油厂下脚料、酸化油等长期运转后，取得了建设工业示范装置所需数据。

2007年11月2日，SRCA工艺中试成果顺利通过技术鉴定，大家一致认为，中试试验结果证实了SRCA工艺的如下优点：对原料要求低，不需要预处理脱酸等精制工艺，避免了精制处理中的废渣和废水的排放；同时利用了游离脂肪酸，提高了收率。SRCA工艺中试研发期间一共申请了11项中国发明专利和2项PCT发明专利。

让我感到特别高兴的是，中海油通过对国内外技术的调研比较后，选择了SRCA工艺，在海南建设了一套60kt/a生物柴油示范装置。这说明SRCA工艺已具有国际竞争能力。该装置于2009年底建成开工（图6-16），生产出了合格的生物柴油产品，在海南加油站销售。

图6-15 2000t/a SRCA中型试验装置

图6-16 2009年建成的60kt/a 生物柴油SRCA 工艺工业示范装置

（4）亚临界生物柴油生产工艺研发的启示

① 要结合国情开发技术，不是用食用油为原料，而是用废弃油脂为原料。

② 根据原料来选择开发超临界工艺。

③ 从导向性基础研究入手，经过对超临界相平衡、热力学、动力学研究，降低了压力，使开发近临界工艺成为可能，然后进行开拓性探索，证实了技术可行性，这样才迈上新工艺开发之路。

④ 继续开发生物柴油生产先进技术，达到世界一流水平

6.4.2 亚临界二段反应生物柴油生产工艺[108]

海南东方生物柴油工业装置建成投产后，工业试验发现符合原料酸值规格要求（酸值小于0.1mgKOH/g）的餐饮业废油，可以生产符合BD-100的生物柴油。但由于餐饮业废油原料来源复杂，酸值波动很大，甚至有原料酸值高达50mgKOH/g的餐饮业废油，这时就很难得到酸值合格的产品，为了增加装置的适应性，建立了一组三级固体酸催化剂催化反应器，在生产的产品酸值大于0.8mgKOH/g时，根据酸值高低，开动一级、二级或三级脱酸加以处理，最终使产品符合BD-100 生物柴油标准（见图6-17）。增加降酸过程虽然使产品满足要求，但也使得SRCA工艺流程加长，增加了投资、成本、能耗和废催化剂处理等问题，于是决定开发新工艺来克服这些缺点。

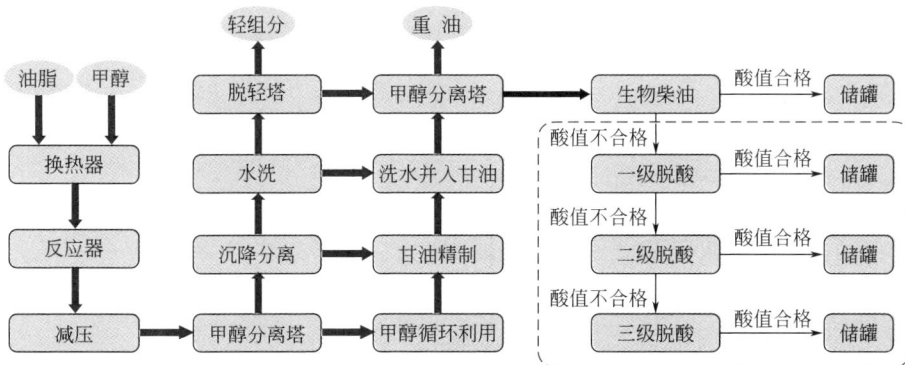

图6-17 以废弃油脂为原料的SRCA工艺流程

经过多次探索实验后，确定开发二段醇解反应工艺。首先开展了

二段醇解反应的试验。由于实验室原有小试装置只能进行一段醇解反应，所以只能以间歇反应的方式进行。首先按SRCA-1的条件进行第一段醇解反应；然后收集第一段醇解反应产物，将产物直接或处理后（包括回收甲醇、分离甘油等）得到的粗甲酯作为第二段醇解反应的原料；与新鲜甲醇再次泵入反应器，进行第二次醇解反应，收集产物，并进行相关分析。

小型试验：以菜籽酸化油（原料酸值89.5mgKOH/g）为原料，在280℃、6MPa、醇油质量比0.82、空速$1h^{-1}$条件下，获得酸值11.3mgKOH/g的一段产品，再经不同处理，进行第二段反应，获得酸值0.54mgKOH/g产品，达到0.80mgKOH/g的要求；但是试验中也多次发现酸值达不到要求的产品。

中型试验：在石家庄炼油化工股份有限公司2000t/a中试装置上进行间歇反应试验。中试试验中酸值在7~8mgKOH/g之间的粗甲酯原料经过第二段反应后，产物酸值也能降低到4mgKOH/g以下，反应最后甚至得到了酸值为0.5mgKOH/g左右的产品。

通过上述间歇式二段醇解实验证明采用两段醇解反应可以获得酸值合格的产品，于是决定建立二段醇解反应的连续式小型试验装置来进行试验，小型装置见图6-18。

这时曾建立来石油化工科学研究院攻读博士后，确定《近临界生物柴油产品酸值影响规律的研究》为题，来进行研究。在小试装置上，详细研究了各因素对反应的影响，发现：

① 在二段连续反应中，升高第二段醇解反应温度，产物酸值先降后升，蒸馏收率则一直缓慢降低；提高第二段反应压力有利于降低产物酸值和提高甲酯蒸馏收率；提高第二段反应的甲醇用量有利于降低产物酸值，但对蒸馏收率影响不大；第二段醇解反应中使用KOH不利于产物酸值降低，对蒸馏收率影响不大。

② 高酸值废弃油脂经过直接连续二段醇解反应不能得到酸值低于0.80mgKOH/g的生物柴油产品。

图6-18 二段醇解反应小型装置

③ 分析表明第二段反应物料中水分含量可能是影响产物酸值的关键因素。

于是对第一段醇解反应产物中水分含量进行了详细研究，发现水分对产物酸值的影响，如图6-19所示。

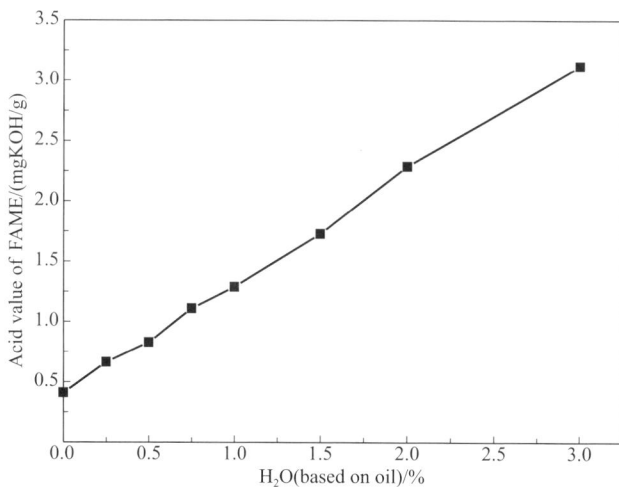

图6-19 水分对产物酸值的影响

经过上述研究，获得了对二段原料水分的控制要求：一段醇解反应后的产物进入闪蒸罐，在反应温度不超过240℃，压力不高于0.8MPa的条件下进行闪蒸，将粗甲酯的水分含量控制在0.5%以下。

粗甲酯与新鲜甲醇在第二反应器中进行第二段醇解反应，反应条件为260~280℃、反应压力1MPa、醇油质量比0.3~1.3、油脂液时空速0.5~1h^{-1}。经过二段醇解反应后，物料先进入甲醇分离塔回收甲醇；然后进入脱轻塔，脱除其中的水分和低沸点的轻组分；接着在甲酯分离塔中减压蒸馏，得到脂肪酸甲酯产品。亚临界二段反应的生物柴油生产工艺命名为SRCA-Ⅱ，其工艺推荐流程见图6-20。

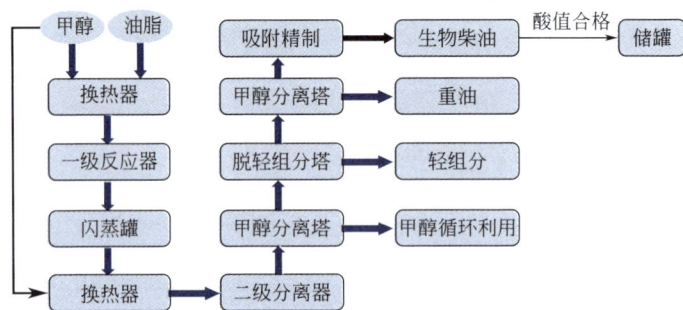

图6-20　SRCA-Ⅱ工艺推荐流程

　　SRCA工艺中进行水洗的主要目的是分离生成的游离甘油及部分甘油酯。在实际生产中，当原料油中杂质含量较高时，水洗过程会出现堵塞、乳化等问题，影响分离效果。实际上，由于废弃油脂中甘油酯的含量并不高，反应生成的甘油有限，所以在SRCA-Ⅱ工艺流程中取消了水洗环节，这样减压蒸馏后的产物中可能会含有少量游离甘油以及甘油酯。为了确保SRCA-Ⅱ工艺的产品游离甘油及结合甘油含量合格，在甲酯蒸馏塔后增加了吸附精制除杂单元。该单元以活性炭、硅藻土、沸石、树脂等为吸附剂，对皂盐、甘油、甾醇等杂质有良好的吸附脱除效果，而且吸附剂还可以再生利用。

　　目前已在2000t/a的SRCA工艺装置上，按SRCA-Ⅱ流程进行了改造，正在进行长期运转，目的是取得设计工业示范装置的数据，早日建设工业示范装置。

6.4.3　脂肪酸甲酯超临界加氢制备脂肪醇新工艺[109]

　　脂肪醇是指羟基位于端头碳原子、碳链在六个碳原子以上的直链

脂肪伯醇。一般将$C_6 \sim C_{10}$脂肪醇称为塑剂醇，将$C_{12} \sim C_{20}$脂肪醇称为洗涤剂醇。

目前脂肪酸、脂肪酸甲酯催化加氢制脂肪醇工艺普遍采用铜铬催化剂，反应压力在$16 \sim 30$MPa，反应温度为150~300℃，反应为气-液-固多相体系。脂肪酸、脂肪酸甲酯的转化率为80%~90%，脂肪醇的选择性在80%~90%之间，同时产物中含有2%~3%由副反应生成的烷烃。在这种工艺中，油脂在催化剂表面形成的液膜较厚，氢气在油脂中溶解度较低，导致传质阻力大，使油脂加氢的宏观反应速率低。为提高油脂加氢反应速率和油脂转化率，抑制副反应的发生，国外开展了在超临界条件下的油脂加氢制脂肪醇的研究。

2003年姚志龙攻读在职博士研究生，决定选用模型化合物模拟脂肪酸甲酯超临界加氢反应体系开展相平衡研究，筛选出一种或多种超临界溶剂，以降低脂肪酸甲酯超临界加氢反应压力；在反应体系相平衡研究的基础上，通过对脂肪酸甲酯超临界加氢反应工艺条件的研究，开发一种绿色、操作条件相对缓和的由天然原料生产脂肪醇的新工艺。

由于我国从东南亚进口棕榈油比较方便，决定以棕榈油脂肪酸甲酯为原料开展研究。

（1）相平衡研究，寻找新超临界溶剂

首先，通过棕榈油脂肪酸甲酯加氢反应体系相平衡研究，筛选新型超临界溶剂，模拟计算棕榈油脂肪酸甲酯-溶剂-氢气拟三元反应体系的临界参数。

通过对正丁烷、正戊烷和正己烷作为溶剂时，棕榈油脂肪酸甲酯-溶剂-氢气拟三元体系的临界参数比较，选择以正戊烷作为棕榈油脂肪酸甲酯超临界加氢的溶剂。这一体系超临界参数的变化规律是：随反应体系中棕榈油脂肪酸甲酯质量分数的增加，体系的临界温度也逐渐升高；随氢气摩尔分率的提高，反应体系的超临界压力增大，而摩尔体积降低。

（2）加氢反应热力学研究

棕榈油脂肪酸甲酯加氢制备脂肪醇的热力学分析结果表明：棕榈油脂肪酸甲酯加氢生成脂肪醇为放热反应，随着反应温度的提高，棕榈油脂肪酸甲酯反应生成脂肪醇的平衡常数降低；而脂肪醇加氢生成烷烃的副反应为吸热反应，随着反应温度升高，反应向正方向移动，化学平衡常数增大；棕榈油脂肪酸甲酯生成棕榈醇的平衡常数比棕榈醇加氢生成正十六烷平衡常数高15个数量级以上。工业铜铬催化剂的预处理研究结果表明，在反应温度对催化剂的活性稳定性影响显著，为维持催化剂活性稳定性，反应温度应在280℃以下。综合棕榈油脂肪酸甲酯加氢制备脂肪醇反应热力学分析，棕榈油脂肪酸甲酯-正戊烷-氢气拟三元反应体系相平衡研究以及催化剂预处理研究结果，确定了溶剂与棕榈油脂肪酸甲酯的配比，和棕榈油脂肪酸甲酯超临界加氢反应条件范围为：棕榈油脂肪酸甲酯与溶剂正戊烷的质量比为10 ： 90；反应压力在9.0MPa以上，反应温度区间为230~280℃。

（3）加氢工艺条件的研究

在实验室小型超临界加氢试验装置上，研究了棕榈油脂肪酸甲酯超临界加氢工艺条件：反应压力为9.0~9.5MPa，反应温度为240~250℃；反应空速为2.5~4.0h^{-1}；氢气与脂肪酸甲酯摩尔比为5.4~7.2。按上述工艺条件，连续试验的物料平衡可达98.7%，反应产物经简单蒸馏分离超临界溶剂后就可获得符合天然脂肪醇国家标准GB/T 16451—1996的优等品。与传统技术相比，由于采用超临界反应新技术，氢耗量降低了90%~98%，反应温度和压力也大幅度降低，同时脂肪酸甲酯转化率与目的产品选择性均大幅度提高；与国外报道的相关丙烷、二氧化碳超临界反应技术相比，由于采用正戊烷新溶剂，反应压力降低了5.0MPa以上，脂肪酸甲酯的溶解度增加了一倍以上。

这样就研究成功一种以正戊烷为溶剂、超临界棕榈油脂肪酸甲酯生产脂肪醇的新工艺。

第七章

国外新反应创新案例

7.1 Marlex Polyolefin 工艺的发明

1979 年在美国化学会与日本化学会的联合年会上,R. L. 班克斯（R. L. Banks）在石油化学组受奖主旨报告《烯烃催化三十年》中，介绍了 Cr_2O_3/SiO_2-Al_2O_3 催化剂和 Marlex Polyolefin 工艺发现的经过[110]。

第二次世界大战后，由于当时菲利浦石油公司（Phillips Petroleum Co.）已开发成功石油烃裂解生产乙烯的技术，该公司便开始寻找新的途径以利用炼厂废气中的烯烃。此时他们已有烯烃二聚的 NiO/SiO_2-Al_2O_3 催化剂，于是 R. L. Banks 等决定继续研究烯烃的二聚和三聚，其目的是延长 NiO/SiO_2-Al_2O_3 二聚催化剂的寿命，增加汽油馏分的收率。

当时催化作用领域中过渡金属 d- 能带理论十分流行，因此，对 NiO/SiO_2-Al_2O_3 烯烃二聚催化剂改进的途径之一，就是把不同的过渡金属氧化物添加到原催化剂中，然后对调变后的各种催化剂进行丙烯聚合活性评价。

评价在一套小型连续流动固定床装置中进行。评价结果表明，在各种氧化物添加剂中，唯有 Cr_2O_3 的引入显著改变了原催化剂的性能。反应开始时，添加 Cr_2O_3 的催化剂未观察到任何异常现象，反应器的床层温度降和尾气分析结果都表明与原催化剂的反应一样。但是，反应不久后就出现异常现象。收集到的液体产品量很少，与消耗的丙烯数量不符；紧接着反应器内产生了很大的压力降，迫使反应中断。打开反应器后，发现其中有白色固体物质，经确认这是结晶的和无定形的丙烯聚合物。正是这一异常现象导致了后来的发明创造。

他们很快确认，对于生成高分子量的聚合物来说，Cr_2O_3 是基本的催化组分，而 NiO 则是不需要的。进一步研究表明：

① 乙烯和其他轻质烯烃都能被该催化剂催化聚合成固体高聚物。

② 高聚物的分子量可通过催化剂的活化温度、聚合反应温度和压力来调控。

③ 将少量C_2^+烯烃引入乙烯物料中可产生可塑性更高的聚乙烯。

以上这些研究结果为$Cr_2O_3/SiO_2\text{-}Al_2O_3$催化剂发展成为一个生产聚乙烯的工业催化新工艺奠定了基础。

在菲利浦石油公司各级管理机构的大力支持下，试验进展非常迅速。在不到6年时间内，$Cr_2O_3/SiO_2\text{-}Al_2O_3$催化剂就走完了从意外发现至Marlex Polyolefin工艺工业化的历程。与当时已有的MoO_3/Al_2O_3为催化剂、聚合压力7.0MPa的乙烯聚合工艺相比，该工艺的聚合压力已降到3.5MPa，大大前进了一步。

从上面这个例子，可以看出：

① 他们发现了丙烯在$Cr_2O_3\text{-}NiO/SiO_2\text{-}Al_2O_3$催化剂上聚合产生高聚物这一异常现象，而且能看到这一现象的价值，即它可能导致石油化工中重要的聚烯烃工艺的革新。

② 在他们发现这一异常现象后，研究工作分为两步：第一步，找出$Cr_2O_3\text{-}NiO/SiO_2\text{-}Al_2O_3$催化剂中哪一种物质是有效组分；第二步，在确认了$Cr_2O_3$为有效组分后，开展了乙烯、其他烯烃的聚合工艺条件研究，这样就为发展成功Marlex Polyolefin聚乙烯工艺奠定了基础。

以上这些工作步骤均值得我们学习。

烯烃歧化反应的发现　7.2

R. L. 班克斯在1979年美国化学会与日本化学会的联合年会上介绍，当他开发成功Marlex Polyolefin工艺后，又去研究烯烃与异构化烷烃的烷基化反应。在研制新烷基化催化剂时，他们对 $Mo(CO)_6/Al_2O_3$ 催化剂进行了评价。结果却发现异丁烷与2-丁烯比为9∶1的混合烷基化时，所得产物中 C_5^+ 汽油还不到1％，反应所得产物几乎全部是2-戊烯，并非预期的2-丁烯与异丁烷烷基化的产物异辛烷。这又是一次试验中的意外发现。

得到这一意外结果后，他们又进行了另外的试验，结果表明，$Mo(CO)_6/Al_2O_3$ 催化剂催化的是烯烃歧化反应：

$$n\text{-}C_4^= \xrightarrow{Mo(CO)_6/Al_2O_3} C_3^= + C_5^= C_6^=$$
$$50\% \quad 40\% \quad 9\%$$

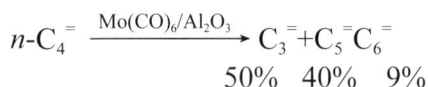

进一步研究表明，对于含有C＝C键的烃类，歧化是一种很普遍的反应。

由于歧化反应在没有催化剂存在的情况下是"对称禁止"的，歧化催化剂提供了"对称允许"（Symmetry-allowed）的途径；同时歧化反应能将反应物烯烃变成两种新的产物烯烃。因此，催化歧化反应不但在理论上而且在应用上都具有很大的意义——开辟了烃类化学的一个全新领域。

在发现了这个新反应后，到底应开展那些科研工作？

菲利浦石油公司在发现烯烃歧化反应后，并未止步，继续开展了下列几方面的研究工作：

① 催化剂研究；

② 歧化反应范围研究；

③ 活性中心本质研究；

④ 歧化反应应用研究。

他们这样部署整个科研工作值得我们在制定研究方案时借鉴，现简介于下。

7.2.1 催化剂研究

在催化剂研究方面，他们从 $Mo(CO)_6/Al_2O_3$ 具有催化歧化反应

功能出发，设想ⅥB族其他过渡金属也具有同样的性能，于是用
$W(CO)_6/Al_2O_3$ 和 $Cr(CO)_6/Al_2O_3$ 作为催化剂进行了同样的活性评价
试验。评价结果表明，$W(CO)_6/Al_2O_3$ 具有歧化活性，但其活性较
$Mo(CO)_6/Al_2O_3$ 为低；$Cr(CO)_6/Al_2O_3$ 不具有歧化活性，但具有聚合
活性。

他们原计划通过对 $Mo(CO)_6/Al_2O_3$ 催化剂上CO压力的监测去阐
明活性中心的性质，但实验结果发现，在活化和反应条件下，催化
剂上都有部分CO损失。据此他们推测，金属氧化物也可能具有歧化
活性，并着手对此进行验证。验证结果表明，MoO_3/Al_2O_3 催化剂和
WO_3/Al_2O_3 催化剂不但具有歧化活性，而且其活性比相应的羰基化物
还高，活性最高的是一种很普通的临氢重整催化剂 $CoO-MoO_3/Al_2O_3$。
他们通过上述实验发现氧化物具有歧化活性后，又对多种氧化物和载
体进行了歧化活性评价，结果发现：

① 载体可以是：硅、铝、钛、锆的氧化物，铝、锆、钛、镁、
钙的磷酸盐，以及这些金属的复合氧化物。

② 活性组分是：钼和钨的六羰基化物、氧化物、硫化物，铼、
钽、锑的氧化物。

③ 活性最高的催化剂是：负载在 SiO_2、Al_2O_3 或 $AlPO_4$ 上的钨或
钼的氧化物。

此外，从催化剂筛选中发现：

① 当以 Al_2O_3 为载体时，Re_2O_7 在室温下活性就很高；而以 SiO_2
为载体时，则在两个温度下都有最大的活性，因而他们认为在 $Re_2O_7/$
Al_2O_3 催化剂上存在着不止一种催化活性中心。

② MgO本身无论作为催化剂，或者作为载体，对烯烃的歧化
都几乎没有活性。但用一氧化碳或氢在高温（$260 \sim 649^\circ C$）下处理
$0.1 \sim 4h$ 后则又表现出活性。由此他们认为，存在着许许多多可能的
催化剂有待去开发和研究。

为了进一步改进催化剂配方，他们又进行了下列工作：

① 对各种催化剂的活性、选择性进行研究，结果表明含B酸多的催化剂选择性低。

② 将碱金属和碱土金属的化合物加入催化剂可以使酸性中心催化的副反应（二聚、骨架异构、双键转移等）减少到最低程度。结果表明，催化剂活性下降的程度以及选择性显著改变的程度都正比于所加入金属化合物的量。而稀土金属氧化物的加入，则既改变了转化率又改变了选择性。

③ 催化剂配方研究证实，一种双功能催化体系 $MgO-WO_3/SiO_2$ 的活性最好。

除 $MgO-WO_3/SiO_2$ 外，各种 MoO_3-WO_3 混合物负载在 SiO_2 上，在相同试验条件下，催化剂的活性取决于这两种氧化物的相对比例。例如，当 MoO_3 与 WO_3 的比为 25 ∶ 75 时，MoO_3-WO_3/SiO_2 有最高的活性。

从上可见，他们对催化剂进行了十分广泛和系统的研究，取得了丰富的科学知识。

7.2.2 歧化反应范围研究

他们进行歧化反应时所用的原料为丙烯，发现丙烯歧化为乙烯和2-丁烯，2-丁烯再异构化为1-丁烯。其他直链烯烃在歧化催化剂上如何反应呢？于是，他们又开展了其他烯烃的歧化反应研究，包括乙烯、丁烯等直链烯烃的歧化反应，甲基-1-丁烯等支链烯烃参加的歧化反应，直链和环状烯烃的歧化反应以及含有官能团的烯烃的歧化反应。

从上可见，对于原料烯烃也进行了广泛、系统的研究，也积累了丰富的科学知识，这些就为今后的应用奠定了坚实的基础。

7.2.3 活性中心本质研究

为了对催化机理有一较实际的设想，他们考察了不同配位体对

WO_3/SiO_2 催化剂歧化活性的影响。研究发现，π 的良受体提高催化剂的活性，σ 的给体则都起催化剂毒物的作用，对此存在多种可能的解释。

根据理论计算，烯烃的歧化应不受扩散控制。但若干次试验结果却与理论计算相反，发现这是由于少量的催化剂毒性从催化剂床层之前的反应体系的零件上进入了物料。在非常仔细地清洗反应体系后重新实验，所得结果才与理论计算一致。

他们考虑与载体相联系的物种与活性的关系，进行了氘交换速率-温度与歧化速度-温度的比较。他们推论：质子的可移动性与歧化活性在某些方面可能是紧密相关的。

7.2.4 歧化反应应用研究

（1）工业方面的应用

菲利浦石油公司首先把歧化反应用于丙烯歧化生产乙烯和1-丁烯，此称为丙烯歧化工艺（Triolefin Process）。

这一工艺已于1966年首次在加拿大蒙特利尔的Shawinigan化学公司工业化，采用 WO_3/SiO_2 为催化剂，用丙烯生产聚合级乙烯和高纯度丁烯。

丙烯歧化工艺的价值在于：

① 从过剩的、低价值的丙烯生产供不应求的、高价值的乙烯；

② 丙烯歧化所得的一种产物2-丁烯可用来生产烷基化油；

③ 当需要远距离输送乙烯时，可输送蒸气压较低的丙烯，到达目的地后再转化为乙烯。

此外，还研究了小分子单烯烃的歧化反应，并用于生产长链直链烯烃。例如，从丙烯生产增塑剂醇类所需的 C_6~C_8 烯烃和各种表面活性剂合成所需的 C_{12}~C_{16} 烯烃等。C_4~C_{12} 环烯烃的歧化反应，除 C_6 环烯烃外，所得产物都是多聚烯烃；这些产物的性状可以从无定形的弹性体到结晶体，其中最有工业意义的是聚戊烯。德国已建有50kt/a反式聚戊烯工业装置。用丙烯和2-丁烯与异丁烯交叉歧化可生产异戊烯，这一工艺在菲利浦石油公司的一家综合试验工厂开发成功。此外，丙烯歧化后再与异丁烷烷基化，所得产品有更高的辛烷值。

（2）理论研究方面的应用

① 由于烯烃歧化反应的许多多相催化剂与均相催化剂在组成、化合物形态、反应条件等方面都非常相似，因而歧化反应可用于研究均相和多相催化剂之间的关系[111]。

② 钼、钨为歧化催化剂的基本组分，而与它们同类的铬却催化烯烃聚合，因而歧化与聚合两类反应的机理很可能是相似的，借此可研究歧化和多聚之间的关系。

（3）分析方面的应用

烯烃歧化的一个有意义的应用是作为分析工具来确定聚合物的微观结构。在不同种单体的共聚物中，单体有多种可能的排列顺序，当有过剩的小分子烯烃存在时，共聚物将与小分子烯烃发生歧化反应而彻底断裂，每一种排列顺序的共聚物都将产生其特征的裂解（歧化）产物，这样根据特征产物就能判断出共聚物的结构。

上述R. L. 班克斯发现烯烃歧化的例子，除了学习它们在实验中善于抓住偶然现象外，还有一点值得学习的是他们在发现这一现象后，对科研工作的整体部署。在催化剂研究方面，首先他们确定了引起歧化反应的催化剂本质。虽然他们发现歧化反应时的催化剂为$Mo(CO)_6/Al_2O_3$，但不久即确认了MoO_3才是本质组分，其活性比$Mo(CO)_6$高。在这一认识的基础上，他们对多种氧化物和载体进行了歧化活性评价，积累了大量催化剂的科学知识，掌握了其间的规律，这样就为优化催化剂配方奠定了基础。同时，他们又对歧化反应的原料烯烃扩大了研究范围。他们发现歧化反应时所用的原料为丙烯，开始时他们研究了乙烯、丁烯等其他直链烯烃的歧化，后来又扩到甲基-1-丁烯等支链烯烃的歧化反应、直链烯烃和环状烯烃的歧化反应

以及含有官能团烯烃的歧化反应，这样又积累了大量烯烃歧化反应的科学知识，奠定了歧化反应应用的基础。此外，他们还研究了歧化反应机理、催化剂活性中心本质。这样来部署整个应用基础研究工作，值得我们借鉴。

从上面的一些国外炼油和石油化工催化技术创造发明的历史经验可以看出：一个科学上或技术上的新构思的形成，有时来源于实验中的偶然发现，有时又会来源于文献上概念的启发，有时会来源于概念的移植。这些长出的科学幼芽，是植根于必然性的沃土之中的。只有把勤勉的汗水滴进实践的土壤里（包括实验观察、阅读文献、学习其他领域的知识等），机遇的奇葩才会吐艳。微生物学家巴斯德曾说："在观察的领域中，机遇偏爱那种有准备的头脑"。我国著名数学家华罗庚也说过："如果科学上的发现有什么偶然的机遇的话，那么这种偶然的机遇只能给那些学有素养的人，给那些善于思考的人，给那些具有锲而不舍的精神的人，而不会给懒汉"。

生产甲基丙烯酸酯的 α-工艺　7.3

甲基丙烯酸酯（MMA）是重要的有机化工原料，主要作为聚合单体用于生产聚合物和共聚物，还可通过酯交换生产甲基丙烯酸高碳酯。另外，MMA还可用于涂料、乳液树脂、黏合剂、PVC树脂改性剂、聚合物混凝土、腈纶第二单体、纺织浆料、医药等领域。

原有工艺主要为丙酮氢醇（ACH）工艺，以硫酸为催化剂，先按常规方法以丙酮和氢氰酸为原料生产ACH，ACH水解成α-羟基异丁酰胺，再与一氧化碳和甲醇反应生成甲酰胺和甲基-α-羟基异丁酸酯，甲基-α-羟基异丁酸酯脱水生成MMA，而联产品甲酰胺可脱水生成氢氰酸（HCN），再循环使用。该工艺主要缺点为原料有毒，腐蚀性强，副产物多。

2009年11月《化学工程》（Chemical Engineering，CE）杂志将第40届帕特里克奖（Kirkpatrick Award）的最高奖（Top Price）授予英国MMA和聚甲基丙烯酸甲酯（PMMA）生产商璐彩特（Lucite）国际公司，以表彰他们联合开发了生产甲基丙烯酸酯的α-MMA新路线[44]。

α-MMA路线以乙烯、一氧化碳、甲醇和甲醛为原料，二步生成产品。反应方程式如下：

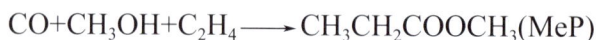

$$CO+CH_3OH+C_2H_4 \longrightarrow CH_3CH_2COOCH_3(MeP)$$

$$MeP+HCHO \longrightarrow MMA+H_2O$$

新工艺流程如图7-1所示。该工艺将乙烯进行羰基化和酯化制备甲基丙酸酯，采用长寿命的均相催化剂，甲基丙酸酯的选择性超过96%，甲醛的选择性超过85%。这一路线的优点是反应中不生成异丁

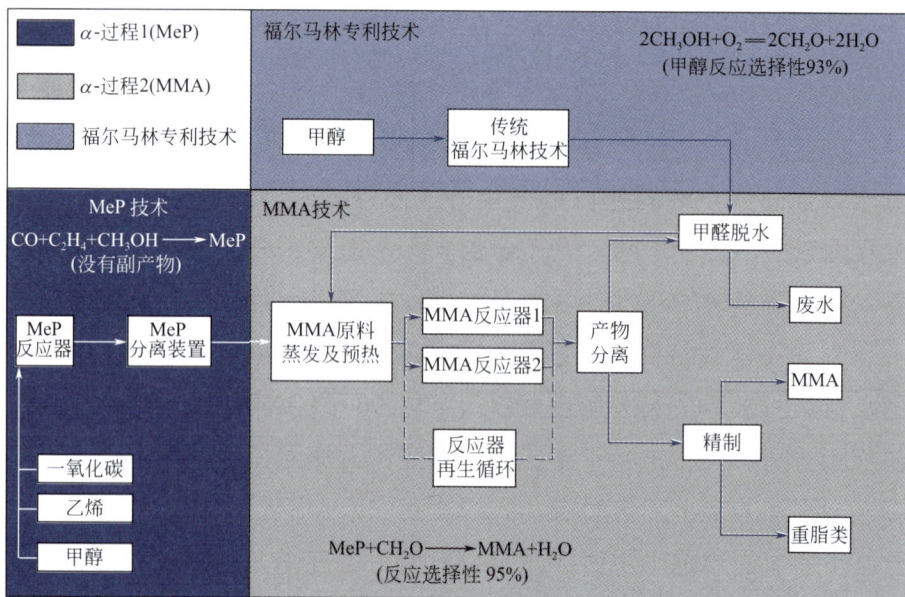

图7-1　生产甲基丙烯酸酯的α-工艺

烯醛中间产物。新工艺在缓和条件下操作，产率较高，不使用有毒或有腐蚀性的化学品，维护费用低。与基于丙酮和氢氰酸或异丁烯的现有技术相比，璐彩特公司采用乙烯、甲醇和CO生产MMA的α-工艺可减少生产费用40% ~ 45%。废弃产物为水和重质酯类，重质酯类可用作过程燃料。

新技术原材料选用方便，无其他工艺过程的副产物。在璐彩特公司现有装置中，MMA用常规的三段法工艺生产，丙酮和氢氰酸组合生成丙酮氰醇，丙酮氰醇再转化成MMA。

璐彩特国际公司采用α-MMA新工艺在新加坡建设了第一套MMA装置，也是该工艺开发10年后建设的第一套装置，能力为120kt/a，于2006年8月中旬投入建设，2008在新加坡建成12万吨/年装置。

过氧化氢（HPPO）法生产环氧丙烷（PO） 7.4

2009年帕特里克奖的荣誉奖（Honor Aword）授予道化学（The DOW Chemical Co.）和巴斯夫（BASF SE）公司，以表彰他们联合开发的过氧化氢（HPPO）法生产环氧丙烷（PO）工艺[44]。

环氧丙烷是一种重要的有机化工产品，也是丙烯系列产品中仅次于聚丙烯和丙烯腈的第三大衍生物，同时也是一种重要的基本有机化工原料。环氧丙烷（PO）生产工艺主要有氯醇法、共氧化法两种方法。目前世界PO总产能接近7Mt/a，两种生产技术从能力和产量来看各占50%。

氯醇法是传统生产方法，主要原料是丙烯和氯气，该法废水量大，设备腐蚀严重；共氧化法是后起之秀，主要原料是乙苯(或异丁烷)和丙烯,从20世纪60年代到90年代初发展速度较快,此生产方法无腐蚀、废水量少,因工艺流程长,单位投资大,适宜大规模生产采用。从20世纪90年代中期开始,由于受到联产品的市场制约,共氧化法建设速度减缓。乙苯法路线生产1t环氧丙烷要联产2.3t苯乙烯(理论上1.8 t/t),异丁烷法路线生产1 t环氧丙烷要联产3t叔丁醇(理论上2.51t/t)。这些工艺的缺点是副产大量的副产品,污水处理费用大。

新工艺流程如图7-2所示。采用钛硅分子筛,第一个固定床反应装置,以甲醇为溶剂,在缓和条件下进行反应,产生PO和水,经过分离塔分离后,分离出PO产品;再在第二个反应器加入丙烯和未反应的双氧水完全反应。这样在少量丙烯的条件下,双氧水就能完全消耗。通过蒸馏精制得到PO产品,甲醇经提纯后循环使用。排放出的丙烯,要催化脱氧后才循环以保证安全。根据丙烯和双氧水计算的产品产率均超过90%。

与现有生产工艺相比,新工艺减少投资25%,减少70%~80%污水排放,节省能耗35%。

2008年采用新工艺在比利时安特卫普(Antwerp)建成300kt/a生产厂,并计划在泰国Map Ta Phut建设新工厂。

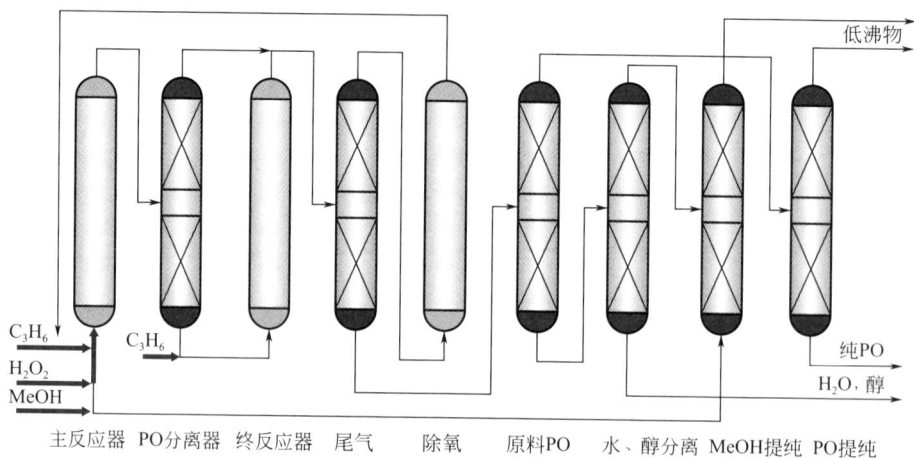

图7-2 过氧化氢(HPPO)生产环氧丙烷(PO)新工艺流程

生产环氧氯丙烷的Epicerol工艺 7.5

2009年帕特里克奖荣誉奖也授予索尔维（Solvar S.A.）。他们开发了生产环氧氯丙烷的Epicerol工艺[44]。

环氧氯丙烷是生产环氧树脂的基本原料。以它为原料制得的环氧树脂具有黏结性强、耐化学介质腐蚀、收缩率低、化学稳定性好、抗冲击强度高以及介电性能优异等特点，在涂料、胶黏剂、增强材料、浇铸材料和电子层压制品等行业具有广泛的应用。

ECH原采用丙烯和氯气为原料，采用三步法生产。首先丙烯与氯气反应生成烯丙基氯和HCl；然后烯丙基氯与氯气、水反应生成二氯丙醇和HCl；最后二氯丙醇与NaOH反应生成ECH和NaCl。这一工艺的缺点是：氯气有毒，反应选择性差，产生大量含氯副产品，并且能耗高、用水量大。

索尔维用甘油而不是丙烯作为原料，开发了新的环氧氯丙烷生产工艺，称为Epicerol工艺。该工艺采用新型催化剂，先用甘油直接制取两种二氯丙醇异构体（2,3-二氯-1-丙醇和1,3-二氯-2-丙醇），该步反应会产生中间产物两种单氯丙二醇异构体（3-氯-1,2-丙二醇和2-氯-1,3-丙二醇），继续氯化氢化生成二氯丙醇；将两种二氯丙醇皂化制得环氧氯丙烷。这一技术利用可再生植物油脂生产生物燃料得到的副产物甘油进行转化，已申请38项专利。

索尔维利用新工艺在法国Tavaux建设了新的环氧氯丙烷生产厂，并于2007年上半年投产，生产能力达到100t/a。目前该公司仍继续开发在泰国马塔府的环氧氯丙烷项目。新装置在2012年第一季度开始投运，年生产能力为100t/a。

第八章

参与实践的国内新反应案例

8.1 喷气燃料脱硫醇（RHSS）新工艺

直馏喷气燃料的主要质量问题是硫醇含量超标，特别是加工高含硫的中东原油所得直馏喷气燃料中的硫醇含量更高。

硫醇是喷气燃料中的有害杂质，油品中的少量硫醇会使油品发出臭味，它对飞机发动机材料有腐蚀作用，并且影响喷气燃料的热安定性。

喷气燃料脱硫醇的工艺主要是催化氧化脱硫醇法：将磺化酞菁钴催化剂分散于苛性碱液中，与喷气燃料接触，通入空气，将硫醇氧化为烷基二硫化物，溶于喷气燃料中而达到脱硫醇的目的。氧化产物需要经水洗、脱盐脱水以及白土脱色等工艺除去。因此，要产生废碱、废白土渣排放，污染环境。为了不排放液碱，减少对环境污染，国外开发了无苛性碱氧化工艺：以氨代替苛性碱，以负载磺化酞菁钴的活性炭为催化剂，反应在常温常压下进行。为了维持催化剂的活性，要连续注入活化剂、氨和少量水，最后仍要经过水洗、矿盐和白土过滤。

1996年跟踪国外这一新进展，石油化工科学研究院承担了开发喷气燃料无苛性碱脱硫醇新工艺的任务，要求于当年完成中试。虽然研发成功将磺化酞菁钴负载于Hydrotalcite-Derived固体碱上的双功能催化剂，且具有优良的初活性，但催化剂寿命只有800h。形势十分被动，眼看年底不能完成任务。

对于喷气燃料的加氢精制，国内早已有成熟工艺，其目的是加氢脱硫、脱氮及部分芳烃饱和，以改善其燃烧性能。石油化工科学研究院采用W-Ni催化剂，氢气分压3.6MPa、温度321℃、体积空速1.55、氢油体积比473～516。一天我灵感突现，想到硫醇是在所有硫化物

108

中最容易脱除的，应该可以采取十分缓和的加氢条件去脱除。将这一想法告诉加氢研究室夏国富后，大家讨论，决定采用下列条件开展开拓性探索试验：①采用W-Ni金属含量低的催化剂以降低成本；②催化剂不硫化，简化开工手续；③采用低压、低氢/油比、低温等缓和条件，降低加氢费用[112,113]。

对于镍-钨体系加氢催化剂，其加氢脱硫活性与加氢脱氮活性有不同的最佳镍-钨原子比范围。根据加氢脱硫醇反应的特点，选择合适的原子比，采用适当的制备方法，在保证催化剂具有高的脱硫醇活性的同时，降低催化剂的生产成本。定型后的催化剂命名为RSS-1，其物化性质列于表8-1中。

表8-1 RSS-1催化剂的物化性质

项 目	数 据
$w(WO_3)$/%	≥7.5
$w(NiO)$/%	≥2.5
比表面积/（m^2/g）	≥165
孔体积/（mL/g）	≥0.27
压碎强度/(N/mm)	≥20

为了开发与RSS-1脱硫醇催化剂相适应的工艺，通过研究反应空速、反应温度、反应压力和氢油比等工艺参数与脱硫醇性能的关系，确定了合适的工艺条件，并考察了该技术对不同油品的适应性。结果表明，RSS-1脱硫醇催化剂及相应的工艺技术对不同油品具有较好的适应性，同时该技术除能脱除硫醇外，还改善了喷气燃料馏分的酸值和产品的色度，总硫<2000μg/g，产品质量符合3号喷气燃料质量标准。另外，分析装置的尾气组成，其气体中含H_2为99.89%、H_2S为145μg/g、轻烃组分含量小于0.01%，证明无裂解反应发生。表8-2列出了喷气燃料临氢脱硫醇新工艺与加氢精制工艺条件的对比，充分说明了新工艺大大降低了压力、温度和氢/油比。

表8-2 喷气燃料临氢脱硫醇新工艺与加氢精制工艺条件对比

工艺	临氢脱硫醇	加氢精制
压力/MPa	0.7	3.6
温度/℃	240	321
氢/油体积比	40	500
体积空速	4.0	1.55
WO_3+NiO 含量/%	≥ 10	≥ 25

表8-3给出了600kt/a喷气燃料临氢脱硫醇工业装置与液碱氧化法的技术经济数据。

表8-3 600t/a航煤装置的技术经济对比数据

项 目	RHSS缓和加氢工艺	国外液碱氧化工艺
操作费/(元/吨原料油)	18 ～ 24	约34
产品质量	稳定	易出现波动
环境污染	废催化剂：2.5 t/a	废催化剂：22 t/a 废白土：1300 t/a 废岩盐：10 t/a

由此可见，喷气燃料临氢脱硫醇技术不仅工艺条件缓和、对原料油有较好的适应性、投资及操作费用低，而且环境友好，是绿色技术。目前已建成12套0.3 ～ 1Mt/a工业装置，总加工能力6Mt/a。

在开发喷气燃料临氢脱硫醇过程中，主要有以下启示：

① 在任务难以完成的压力下，就会大动脑筋，想出新招。

② 利用已有的知识，硫醇最易加氢脱除，可开发出原始创新的工艺。

8.2 环己酮氨氧化制备环己酮肟新工艺

己内酰胺是重要的有机化工原料，主要作为聚合单体用于生产尼龙6纤维（锦纶6）、尼龙6树脂和薄膜，这些材料具有优异的热稳定性、加工性、机械性和耐化学品性，因而广泛应用于纺织、地毯、汽车、电子、机械、包装薄膜等领域。在所有聚合单体中，己内酰胺的生产流程最长、工艺最复杂。其核心工艺是由环己酮制备环己酮肟。

1990年引进国外主流生产技术HPO法5万吨/年己内酰胺生产装置2套，由于国内己内酰胺消费增长的需要，迫切需要对引进装置进行消化、吸收、再创新。引进装置中，从环己烷制备环己酮的工艺最为复杂，包括氨氧化、NO_x吸收、羟胺合成和肟化四步工序，这些装置如图8-1所示。

(a) 氨氧化、NO_x吸收装置

(b) 羟胺合成装置

(c) 肟化装置

图8-1 氨氧化、NO_x 吸收、羟胺合成和肟化装置

钛硅分子筛（TS-1）的诞生，将分子筛过去只应用于酸催化反应带入到氧化反应新领域，具有里程碑意义！ TS-1钛硅分子筛由于把具有变价特征的过渡金属引入到具有规整孔道结构的分子筛的骨架中，因此具有很好的定向氧化催化功能。在其催化作用下，环己酮与氨、过氧化氢（30%水溶液）进行氨肟化反应可一步直接合成环己酮肟，反应的转化率和选择性很高，副产物只有水，是一个典型的"原

子经济"反应过程，因而备受青睐。意大利埃尼化工首先研究了环己酮胺肟化制备环己酮肟这一新的技术路线，并进行了 12kt/a 规模工业示范试验，结果表明该过程简单、操作条件温和、三废少，具有良好的工业应用前景。

　　于是决定开展这一原子经济反应的研究以改造环己酮制环己酮肟引进装置。

　　在新催化材料 TS-1 钛硅分子筛的合成过程中，为使具有较大原子半径的钛进入分子筛骨架，对合成原料和条件的要求非常苛刻，需使用有机硅酸酯、钛酸酯分别为钛源、硅源及有机季铵碱作模板剂，造成钛硅分子筛价格昂贵及放大制备重复性较差。石油化工科学研究院开发了钛硅分子筛合成的重排改性技术，制备出具有独特空心结构的钛硅分子筛（HTS），使其活性和制备重复性显著提高，为开发自主环己酮氨肟化工艺技术奠定了良好基础。

　　关于环己酮氨肟化反应工艺，意大利埃尼化工集团已进行 12kt/a 工业示范装置试验，但未进一步工业化，据报道，其使用的是成型的钛硅分子筛催化剂，串联 2～3 个反应釜，常规过滤分离催化剂。从专利分析可知，其以低聚态硅胶为黏结剂，将钛硅分子筛分散其中，喷雾干燥成微球，再经过焙烧制成微球催化剂。这种催化剂制备方法复杂，钛硅分子筛十分昂贵，加工过程中会有跑损，生产成本高，微球催化剂在反应釜中剧烈搅拌下，还会粉碎；另外成型催化剂还会增加扩散阻力，不利于反应的进行。于是我们开始设想是否采用钛硅分子筛原粉作催化剂以避免这些缺点。经过探索，发现采用微孔膜过滤能回收钛硅分子筛，于是确定开发连续淤浆床反应釜－微孔陶瓷膜过滤环己酮氨肟化新工艺。

　　在实验室验证了上述设想后，在岳阳中国石化巴陵分公司建设了一套中试装置，考察了双氧水进料方式、原粉钛硅分子筛催化剂置换方式、膜分离设备的排列组合优化等；同时还解决了淤浆床反应釜管线中的粘壁、钛硅分子筛失活的预制、钛硅分子筛骨架硅流失等新问

题，最后该中型装置能长期稳定运转，取得了第一套工业示范装置工艺包的建设数据，据此设计建设了一套70kt/a的环己酮氨肟化工业示范装置，如图8-2所示。

图8-2 "三合一"的钛硅分子筛环己酮氨肟化工业示范装置

与现有装置相比，开发的"三合一"钛硅分子筛环己酮氨肟化工艺省掉氨氧化、NO_x吸收、Pd/C催化剂加氢等工序；不需要循环压缩机、空压机等大型辅助设备，设备投资和能耗大大降低；反应条件温和、运行成本低、产品质量好、环境友好。70kt/a工业装置已建成投产，投资为引进的21.1%，每吨己内酰胺可变成本降低644元。

单釜连续淤浆床反应釜——微孔陶瓷膜过滤环己酮氨肟化新工艺的开发成功，告诉我们：

从整体上深入分析国外新工艺采用钛硅分子筛微球催化剂的弱点，才能找到自己开发新工艺的起点，同时要敢于创新，并且加以继承。新工艺的原始创新包括独特空心结构钛硅分子筛、微孔陶瓷膜、连续淤浆床反应釜等[114, 115]。

8.3 加氢法代替氧化法精制己内酰胺

工业上生产己内酰胺的另一条路线是意大利SNIA公司开发的甲苯法技术。SNIA法己内酰胺的生产原理如图8-3所示，工艺以甲苯为原料，主要单元过程包括甲苯氧化生成苯甲酸，苯甲酸加氢生成环己烷羧酸，再经酰胺化反应制成己内酰胺，己内酰胺精制得到成品。其中己内酰胺精制采用高锰酸钾氧化法，即利用高锰酸钾的强氧化性氧化并脱除己内酰胺产品中不饱和副产物。高锰酸钾氧化精制的缺点是：操作繁琐，间歇操作，由于精制工艺要求高锰酸钾过量，过量部分会与己内酰胺继续反应，从而消耗部分己内酰胺，造成产品收率低，优级品率低，每年还产生千余吨氧化物废渣污染环境。

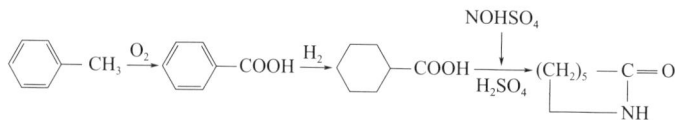

图8-3　SNIA法己内酰胺的生产原理

石油化工科学研究院借鉴HPO法己内酰胺加氢精制的原理，开发了非晶态骨架镍作催化剂的循环加氢精制工艺，取代氧化精制工艺。加氢精制与氧化精制是二类不同的反应，加氢精制是通过不饱和杂质加氢饱和，使其沸点与己内酰胺有较大差别，并通过后序萃取和蒸馏过程将这些杂质除去。理论上，加氢精制不消耗己内酰胺产品，可以提高产品收率，没有废渣产生[116]。

SNIA法氧化精制工艺改为加氢精制中试结果表明，在SNIA生

114

产工艺中，采用加氢精制替代氧化精制，从产品质量、工艺流程和工程放大等方面看都是可行的。但非晶态骨架镍催化剂用于SNIA工艺生产的粗己内酰胺精制时，因粗己内酰胺中杂质种类多、含量高，催化剂用量需要提高数倍才能满足精制要求。如采用现有的催化剂一次通过流程，将使催化剂消耗多，成本大幅度提高，经济上不合理。为克服现有加氢工艺的缺点，提出了一种催化剂循环利用的漩液分离工艺，工艺流程见图8-4。其核心是利用水力漩流原理，将反应后的催化剂从己内酰胺水溶液中分离出来并循环利用，从而实现反应釜内催化剂浓度的任意调变，既满足了加氢工艺的需要，又不增加催化剂消耗，同时还可省去昂贵的机械过滤设备，使得控制反应釜中催化剂浓度成为可能。

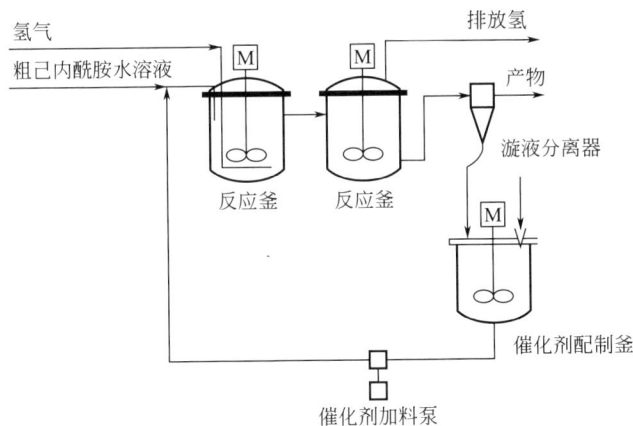

图8-4 催化剂循环加氢工艺流程

工业应用表明，循环加氢精制取代氧化精制后，产物的质量变轻，使得轻组分蒸馏过程负荷降低；另外高锰酸钾氧化精制过程中，只有加入过量高锰酸钾，才能使己内酰胺质量达标。氧化精制后，除去过量高锰酸钾必须消耗部分己内酰胺，己内酰胺被氧化成酸性副产物，这些酸性副产物生成大量的盐，使得薄膜蒸发器结垢严重。薄膜蒸发器间断操作，每天冲洗一次，劳动强度大。循环加氢精制取代氧化精制后，减少了盐的生成，薄膜蒸发器负荷减少，即循环加氢精制取代氧化精制后，为简化精制后序过程奠定了基础。循环己内酰胺加氢精制工艺取代高锰酸钾氧化精制工艺后，减少了动力消耗、己内酰胺损失及三废处理，同时提高了产品质量。

其后，在此基础上，又开发了磁稳定床己内酰胺加氢精制新技术，并相继建设了两套100kt/a磁稳定床加氢工业装置（图8-5）。加氢精制代替氧化精制从源头根治了$KMnO_4$氧化中的MnO_2废渣、废水等引起的环境污染，并降低了己内酰胺产品的损失。

(a) 磁稳定床加氢精制装置   (b) 原引进的氧化精制装置

图8-5 磁稳定床加氢精制代替氧化精制装置

8.4 帮助现有企业转变经济增长方式的启示

如何帮助现有企业转变经济增长方式，结合上述案例的经验分析，主要有：

（1）想企业之所想，急企业之所急。要对企业减少成本、环境污

染的问题，了如指掌，而且能提出投资少、见效快的解决方案。

（2）要展望国内外新催化材料，新反应工程和新反应的新进展，预先研发成功企业所需投资小、见效快的解决方案所需的技术。在上述介绍的国内实例中既有一类"新式武器"，如非晶态骨架镍、空心结构钛硅分子筛、磁稳定流化床、微孔陶瓷过滤膜以及用喷气燃料脱硫、环己酮胺肟化"原子经济"反应一步制环己酮肟新反应等。

（3）从原始创新走向工业化需要克服一系列困难，技术才能达到安全、可靠、经济合理。

第九章

21世纪国外创新多样化发展

多年来，我一直在阅读《化学周刊（Chemical Week)》、《化学工程新闻（Chemical Engineering News)》以及《ICIS化学商情（ICIS Chemical Business)》等杂志，密切关注国际化学界和石化跨国集团等对化学、化工科技研发的观点和部署，尤其留意《化学工程新闻》周刊每年刊文介绍的"美国总统绿色化学挑战奖"（Presidential Green Chemitry Challenge Award）获奖项目，以及《化学商情》每年评选的创新奖成果，从中了解国际化学和化学工业创新的动向。

9.1　美国总统绿色化学挑战奖

　　1995年3月16日，美国总统克林顿宣布设立"总统绿色化学挑战奖"，并于1996年在华盛顿国家科学院颁发了第一届奖项。这是世界上首次由一个国家的政府出台的对绿色化学实行的奖励政策，其目的是"将美国环保局与化学工业部门作为环境保护的合作伙伴的新模式来促进污染的防治和工业生态的平衡"，建立该奖是为了重视和支持那些具有基础性和创新性、并对工业界有实用价值的化学工艺新方法，达到减少资源的消耗来实现对污染的防治。

　　美国总统绿色化学挑战奖共设立了变更合成路线奖（Alternative Synthetic Pathways Awards）、变更溶剂/反应条件奖（Alternative Solvents/Reaction Conditions Award）、设计更安全化学品奖（Designing Safer Chemicals Award）、小企业奖以及学术奖五个奖项，2006年将其中3个奖项在名称上做了修改，即将更新合成路线奖改为更绿色合成路线奖（Greener Synthetic Pathways Award）、将变更溶剂/反应条件奖改为更绿色反应条件奖（Greener Reaction Conditions Award）、将设计更

安全化学品奖改为设计更绿色化学品奖（Designing Greener Chemicals Award）。这些奖项为个人、团体和组织提供了一个机会，可以通过竞争总统奖来获得使化学变得更清洁、更经济、更美好的基础性突破的支持，体现了美国对将绿色化学原理应用到化学的设计、加工和应用过程产生技术的重视。

总统绿色化学挑战奖评选标准涉及对人身健康和环境有益、具有科学创新性和应用价值等方面，具体标准包括：①获提名的技术必须是绿色化学计划中的项目；②获提名的技术有益于人体健康，有助于环境保护，必须具备减少毒性、减少疾病和伤害、减少发生火灾和爆炸、减少在运输或生产过程中使用污染物和危险品；提供自然资源的利用率，如使用可再生原料；增加生物的多样性；③技术能够被化学生产厂商、产品用户和社会广泛使用；④获提名的技术具有创新性（技术以前未被使用）和科学性（技术经得住科学的检验，新的制造方式有坚实的科学基础）[117]。

2000年，《环境友好石油化工催化化学与化学反应工程》"九五"重大项目实施过程中，由北京化工大学李成岳教授带队首次参加了"美国总统绿色化学挑战奖"颁奖，并带回了获奖和提名项目的相关资料。

从这些资料可以看出，绿色化学的主要发展方向：

① 采用可再生原料取代石油等不可再生资源，生产新材料或现有材料的替代产品；

② 改变工艺路线，减少甚至消除溶剂用量，并降低废弃物排放量；

③ 将生物技术引入化学过程，使生产工艺更加环保经济。

通过对获奖项目的分析显示出生物技术、原子经济性反应、新型催化剂、无溶剂体系或绿色溶剂、膜技术等将成为绿色化工的关键技术，利用可再生原料也是实现绿色化工可持续发展的重要因素。

121

9.1.1　化学反应中的新概念——原子经济反应

1998年绿色化学挑战奖学术奖授予斯坦福大学（Stanford University）的 Barry M Trost 教授，以奖励他于1991年首次提出了反应的"原子经济性（Atom Economy）"概念[118]。

Trost 教授提出化学合成应考虑原料分子中的原子进入最终所希望产品中的数量，不能浪费每一个原子。原子经济性的目标是在设计化学合成时使原料分子中的原子更多或全部地变成最终希望的产品中的原子。根据这一概念，要减少使用不可再生的资源为原料，减少废物生产和减少化学合成中的反应步骤。"原子经济"反应为评价现有反应提出了新标准，并为基础研究和应用研究研发新反应指明了方向。

原子经济性与产率或收率是两个不同的概念，前者是从原子水平上来看化学反应，后者则从传统宏观量上来看化学反应。例如一个化学反应，尽管反应的产率或收率很高，但如果反应分子中的原子很少进入最终产品中，即反应的原子经济性很差，那么意味着该反应将会排放出大量的废弃物。因此，用反应的产率或收率来衡量一个反应是否理想显然是不充分的。要消除废弃物的排放，只有通过实现原料分子中的原子百分之百地转变成产物，才能达到不产生副产物或废物，实现废物"零排放"的要求。可见，应使用产率和原子经济性两个概念，来作为评估一个化学工艺过程的标准，这样，才能实现更"绿色化"、更有效的化学合成反应。

原子经济性反应在一些大宗化工产品的生产中得到了较好的应用。比如用于合成高分子材料的各种单体的聚合反应，在基本有机化工原料生产中的丙烯氢甲酰化制丁醛、甲醇羰基化制醋酸、丁二烯与 HCN 合成己二腈等均为原子经济反应。还有一些基本有机原料的生产所采用的反应，已由二步反应，改变为采用一步反应的原子经济反应。我们近年来在这方面的实践包括基于钛硅分子筛的环己酮氨肟化

技术、环氧丙烷以及环氧氯丙烷的生产。

9.1.2　基于生物质材料的创新

生物质（Biomass）为由光合作用产生的所有生物有机体的总称，包括植物、农作物、林产物、林产废弃物、海洋产物（各种海草）和城市废弃物（报纸、天然纤维）等。生物资源不仅储量丰富而且可再生，作为植物生物质的最主要成分——木质素和纤维素是地球上最丰富、且可再生的有机资源，每年以约1640亿吨的速度不断再生。这些资源的主要成分是C、H、O，相对清洁，且燃烧后的最终产物CO_2不会增加地球上的浓度，因为它们来源于CO_2。如果这部分资源能得到利用，人类将拥有取之不竭、用之不尽的资源。美国总统绿色化学挑战奖几乎每年都有关于生物质研究方面的研究获奖。

（1）废弃生物质

得克萨斯农工大学（Texas A & M University）的 Mark Hohzapple 教授就因其开发的将废生物质转化为动物饲料、工业化学品和燃料的系列技术而获得第一届学术奖（1996年）[119]。涉及的废生物质包括市政固体垃圾、污水淤泥、肥料和农业废渣，用石灰处理后的农业废渣可用做反刍动物的饲料。此外，用石灰处理后的生物质在厌氧性发酵罐中，利用微生物将其转化为挥发性的脂肪酸盐如乙酸钙、丙酸钙和丁酸钙，这些盐类可通过多条途径转化为化学品或燃料：

① 酸化后可得到乙酸、丙酸和丁酸；

② 加热可得到丙酮、甲乙酮和二乙酮；

③ 酮经加氢还原可得到异丙醇、异丁醇和异戊醇。

用生物质生产化学品的技术对环境没有负面影响，可为子孙后代保留更多的大量非再生性资源，如石油和天然气等；而处理废生物质传统方法如掩埋法或焚烧法不但处理费用高，而且对土壤和空气造成污染。

我们认为可以从我国一个地区的原料实际、市场规模入手，开发废生物质处理技术，振兴地区经济。

（2）纤维类生物质

1999 年小企业奖授予美国生物技术（Biofine）公司，该公司发展了一种将废弃纤维素转化成乙酰丙酸4-氧代戊酸的新技术[120]。

美国精细生化公司开发的技术使用稀硫酸，在200～220℃在大约15min 内将纤维素类原料转化成乙酰丙酸。纤维素类原料可以是造纸废物、城市固体垃圾、不可循环使用的废纸、废木材甚至农业残留物。从纤维素生产乙酰丙酸并不是创新性的反应过程，但是传统的反应副产大量焦油，乙酰丙酸产率低。化学工程师菲茨帕特里克发明了一种反应器可以消除副反应，乙酰丙酸产率达到70%～90%。同时副产物甲酸和糠醛也是有用的产品。

乙酰丙酸是用途非常广泛的中间体，国际市场年需求量约450t。但由于市场价格昂贵而限制了其使用规模的扩大。美国生物技术公司的生产工艺可以将生产乙酰丙酸的成本降低至每千克70美分以下，这将会大大地刺激化工及其相关行业需求的增长。目前，乙酰丙酸的衍生物如四氢呋喃，丁二酸和双酚酸等已经有市场需求。双酚酸在高分子应用中可以代替双酚A（可能是内分泌系统的一种破坏剂）。有关双酚酸作为聚碳酸酯和环氧树脂的单体的可行性研究正在进行当中。

相似的，2005年小企业奖同样授予生物质技术研究的Metabolix公司，奖励其采用一种新的生物技术方法去产生细菌（Microorganisms）来直接生产聚羟基脂肪酸酯（Polyhydroxyal Alkanoates，PHAs）天然塑料[121]。这种天然塑料可以玉米淀粉、蔗糖、和植物油等可再生资源为原料来生产，从而替代石油，并减少固体废弃物和温室气体排放，所产的天然塑料性能优良，还可生物降解，不产生环境白色污染。该公司在美国中西部建设了450t/a年工厂。

2011年小企业奖授予BioAmber 公司（BioAmber，Inc.），该公司

因开发生物基的琥珀酸的综合生产和下游应用技术而获奖[122]。

琥珀酸是一种"平台分子"，主要用于食品、药品和化妆品等多个领域。但是以石油原料生产琥珀酸成本高，限制了它的用途。BioAmber 公司使用一种大肠埃希菌生物催化剂，通过新的净化工艺生产低成本可再生的琥珀酸。与传统以石油为原料的方法相比，能耗减少60%，成本降低40%。

自 2010 年初以来，BioAmber 公司一直利用细菌通过发酵把葡萄糖转化为丁二酸，它是世界上唯一的、大型的、专门利用微生物生产琥珀酸的公司。BioAmber 公司既可利用该技术生产琥珀酸，也可生产脂肪酸、乙酸等多种化学品。同时还将生物基琥珀酸：①转化成为可再生的1，4-丁二醇或其他含有4个碳的化合物生产工艺；②生产琥珀酸酯，用于无毒溶剂以及替代在生产PVC及其他塑料中的邻苯二甲酸酯类增塑剂；③生产可生物降解、可再生的塑料。BioAmber公司还率先开发了聚丁二酸丁二醇——一种含有50%以上生物基的聚酯纤维，可以抗100℃以上高温，且可生物降解。

（3）酶

2000年学术奖授予美国斯克瑞普斯研究院（Scripps Ins.）的华裔化学家翁启惠（Chi-Huey Wong）教授，奖励他在"有机合成中大规模使用酶"[123]。翁启惠被视为国际糖蛋白研究的重要人物，其研究用酶取代原来使用的有毒金属和危险溶剂，降低了有机溶剂对环境安全的影响，并缓和了反应条件。其研究酵素的成就多年来一直居于世界的领先水平。突出的贡献有：

① 用基因工程糖转移酶催化定位还原糖核苷酸合成低聚糖的方法，并实现工业化，为临床提供了大量复杂的碳水化合物。

② 酶催化烯醇酯的酯交换反应，是酶催化合成光学纯羟基化合物最普遍、最常用的方法。

③ 重组醛缩酶催化不对称羟醛缩合反应，开辟了一条合成单糖及相关化合物既独特又实用的路线，已经用这种方法合成了大量结构

新颖的化合物，如唾液酸、L型糖、亚氨基环多醇等。

④ 发展了许多其他酶促反应：糖肽合成法、糖蛋白合成法以及手性胺和前列腺素的合成法，此外还合成了无数手性合成子。

这些成果对我国制药工业和精细化工发展具有类似的借鉴意义。

9.1.3 绿色过程

1998年变更溶剂/反应条件奖授予美国阿贡国家实验室（Argonne National Lahoratory）。奖励它开发的"新颖的生产乳酸酯膜工艺"，实现了无毒地取代含卤素的有毒溶剂[124]。

该实验室采用碳水化合物为原料，合成高纯度的乳酸乙酯和其他乳酸酯。新过程使用渗透蒸发膜和催化剂。乳酸铵催化热裂解产生酸，酸再与醇作用生成酯，生成的氨、水和醇、酸、酯等产物通过高选择性的高效膜系统分离，氨和水穿过膜，而醇、酸和酯则被保留下来。回收的氨通过发酵制取乳酸铵而被重新使用。这一新技术具有成本低、能耗小、选择性好和效率高的优点，避免了传统生产过程中产生大量含盐废弃物的缺点。

2001年变更溶剂/反应条件奖授予诺维信（Novozymes）公司，其开发了一种利用酶法处理棉织物的工艺，是用经济、环保工艺替代在纺织工业中普遍使用的化学制剂的一项创举。这一加工工艺被称为"生物炼制"，可减少对环境的损害，同时不损害棉纤维，节约了水和能耗[125]。

在纺织工业生产中，棉纱线或织物染色之前要经过一系列加工工艺，部分或全部去除天然棉中所含的非纤维素类成分、植物油和浆料等杂质，采用一系列化学处理和漂洗过程，产生大量的盐、酸和碱，同时消耗大量的水。

传统工艺中，在高温条件下用氢氧化钠去除杂质时会损伤部分纤维，而酶法处理工艺不损伤纤维，比传统工艺使用的制剂少，漂洗步

骤更少，可以减少30%～50%的用水量，减少了40%的污水排放。

2003年变更溶剂/反应条件奖授予杜邦（Dupont）公司，其开发了用微生物法从玉米中提取葡萄糖生产1,3-丙二醇的新工艺[126]。

1,3-丙二醇是Sorona®聚合物的关键组分，在过去的50年中，虽然认识到1,3-丙二醇合成的聚酯具有很好的性能，但高昂的原料成本使其远离市场。因此，新技术将有利于该聚合物在服饰、室内装潢、树脂、无纺布等领域的应用。新技术将会使消费者享受到柔软、回弹性好、易于料理、防污和不褪色的Sorona®聚合物织品。而且Sorona®聚合物作为树脂使用时，所生产的隔板防潮、无臭无味。

该技术的关键是微生物工程催化剂，这些微生物从天然存在的细菌、酵母等获得，被处理成工业化基质生产线，能使几种酶反应一体化地进行。其催化葡萄糖变成1,3-丙二醇的生产效率足以代替石油原料的合成路线，比传统的化学过程投入小，而且更安全，可以大大降低生产中的能耗。通过生物与化学、物理、工程设计等紧密结合，杜邦公司为既保护环境又提高现有资源的利用，开辟了新的途径。

9.1.4 绿色合成路线

2007年更绿色合成路线奖授予美国俄勒冈州立大学（Oregon State University）的李开畅（Kaichang Li）教授、哥伦比亚森林产品（Columbia Forest Products）和海格利斯（Hercules）公司，他们开发了环境友好的木材加工黏合剂，并获得商业应用[127]。

自1940年以来，木材复合板加工工业一直使用合成树脂黏合剂将一张张木材薄板粘到一起形成复合木材，如夹板、刨花板、纤维板等。工业上使用最频繁的甲醛基黏合剂包括苯酚甲醛、脲醛树脂。甲醛是一类致癌物质，对人体非常有害。在制造和使用甲醛基树脂黏合的复合木材过程中会将甲醛释放到空气中，这对于工人和用户都是危险的。

李开畅教授从"蚌类使用蛋白质黏附在岩石上"这一自然现象中获得灵感，认识到蛋白质的这种独特性质，从而发明了一种基于资源丰富、可循环使用的大豆蛋白的环境友好木材黏合剂。他将一些氨基酸加入到大豆蛋白中使其更类似于蚌类所用的黏结蛋白质。海格利斯公司提供了一种关键固化剂和将其应用到夹板商业生产中的专门技术。

俄勒冈州立大学、哥伦比亚森林产品公司和海格利斯公司联合将这种大豆基的黏合剂商业化，以制造成本更具优势、用于家具内部件的夹板和刨花板。与夹板中常使用的UF树脂相比，此类黏合剂环境友好，成本更低，同时这种黏合剂具有更好的强度和耐水性能。2006年，哥伦比亚森林产品公司使用这种新型的、大豆蛋白基的黏合剂代替了超过21kt/a的传统甲醛基的黏合剂。此外，该技术也为供过于求的大豆粉创造了一个全新的应用市场，因此给生产大豆的农户带来了直接的经济效益。

2009年更绿色合成路线奖授予伊士曼化学公司（Eastman Chemical Company），奖励它采用无溶剂、生物催化合成化妆品及护理用品中的酯[128]。

酯类是化妆品及个人护理品配方中的重要成分。在北美地区，2006年用于润肤剂和乳化剂的酯的消耗量为50kt/a。通常，酯在强酸和高温条件下合成，副产物多，能耗大。为了去除这些副产物，要使用有机溶剂，危害环境；而且有些酯在此条件下无法合成。2005年，伊士曼化学公司开始用酶做催化剂来生产，合成了几百种化妆品用新酯，如不饱和脂肪酸酯，它们在传统制备过程中会被氧化。又如，对羟基苯甲醇和乙酸反应可生成两种酯，其中乙酸对羟基苯甲酯只能通过酶催化途径完成，这个酯可抑制在黑色素合成过程中的关键酶——酪氨酸酶，达到增白的目的。

与传统的化学合成方法相比，生物催化过程生产每千克产品可以节省超过十升的有机溶剂，且产物不需要后处理过程，不仅改进了产

品品质、提高了产率、降低了价格、节省能源和有机溶剂，而且环境
友好。

2011年更绿色合成路线奖授予美国通用原子公司（Genomatica），
奖励其使用价廉、可再生原料生产大宗基础化学品1,4-丁二醇
（BDO）[129]。

1,4-丁二醇是大宗基础化工原材料，广泛用于制备弹力纤维、汽
车用塑料、跑鞋等通用聚合物产品，全球每年消耗约1.27Mt，价值约
30亿美元。该公司应用成熟的基因技术，开发了通过发酵糖制备1,4-
丁二醇的新方法。2010年的上半年起，先在小型发酵实验厂生产，
在2011年开始向规模化推进。

美国通用原子公司开发的生化法生产的1,4-丁二醇，只需由
传统乙炔合成法四成的能耗；同时生化法需要使用CO_2，因此可以
减少七成的CO_2排放；生化法不需要有机溶剂，废水也可以循环
使用；此外，生化法的发酵途径只需要常温常压设备，生产环境
更安全。

美国通用原子公司准备与大公司合作将生化法生产1,4-丁二醇技
术推向市场，其中包括英国糖业巨头泰莱公司（Tate &Lyle）、意大利
M＆G公司、美国废物处理公司（Waste Management）以及日本三菱
化学（Mitsubishi Chemical）等。

9.1.5 绿色化工产品设计

1996年设计更安全化学品奖授予美国罗门哈斯（Rohm and Hass
Company）公司，以表彰该公司研发了一种对环境安全的海水阻垢
剂[130]。

海洋植物和动物在轮船表面所生长的沉积物即所谓的结垢，造成
轮船阻力增大和耗油量增加。目前广泛使用的阻垢剂为有机锡类化合
物，如丁蜗锡（TBTO）等。现在使用的这类有机锡阻垢剂在自然界

中难降解，具有剧毒、生物累积、降低生殖发育能力以及增加贝壳类动物的壳体厚度等缺点。1988年的《有机锡阻垢涂料控制法案》促使美国环保署和美国海军研究有机锡的替代品。筛选得到的4,5-二氯-2-正辛基-4-isothiazolin-3-酮可作为商业开发的选择，推动美国罗门哈斯公司研发成功对环境安全的阻垢剂，并得到了美国环保署的注册使用。

1998年设计更安全化学品奖授予美国罗门哈斯（Rohm and Hass Company）公司[131]。该公司发明了杀虫剂新种类——二酰基肼，给农民、消费者和社会提供了一种更安全有效的害虫控制技术。其中商品名为CONFIRM™的化合物可作为选择性毛虫控制剂。与现有的同类杀虫剂相比，CONFIRM™以全新的以及固有的安全作用模式控制害虫，被美国环保署命名为"降低风险的杀虫剂"。在作用机理上，CONFIRM™模仿了害虫体内的一种叫做20-羟基蜕皮激素的物质，因此它可强有力地破坏害虫的蜕皮过程，导致害虫停止进食而很快死亡。

2011年设计绿色化学品奖授予美国宣威-威廉斯公司（Sherwin-Williams Company），表彰其开发成功水基丙烯酸醇酸涂料[132]。

油基的醇酸涂料含有高挥发的有机物（VOC），在干燥过程中易造成空气污染。传统的丙烯酸类涂料含有较少的VOC，但性能不能与油基醇酸涂料媲美。为迎接这一挑战，Sherwin公司基于可持续性原则开发了新型、低VOC水性丙烯酸醇酸涂料技术。其核心技术是低VOC，且使烯醇树脂-丙烯酸（LAAD）易分散，其成分主要是可循环使用的聚对苯二甲酸乙二醇酯（PET）、丙烯酸树脂和豆油。PET链段可增加涂料的刚性、硬度和抗水能力；丙烯酸可改进涂料的干燥次数和使用的耐久性；而豆油的功能是提高涂料的成膜性、光泽度、弹性和加工性能。该技术使水性丙烯酸涂料在建筑、工业维修等应用领域中达到油基醇酸涂料相同的使用效果。

ICIS创新奖 9.2

ICIS是全球领先的化工业讯息提供商之一，《ICIS化学商情》杂志每周出版一期（图9-1）。主要分析新闻焦点、市场信息、趋势和数据，专门报道石化大宗产品、聚合物、中间体、生物燃料、能源和原料、建厂、化工专题等，同时也邀请知名专家就当前热点问题进行论述，例如，在2011年8月29日～10月9日出版的杂志中，就分别撰文"页岩气开辟新路"、"世界百强化工公司"和"欧洲蒸汽裂解石化重组"，对当前能源安全和对策进行论述，在化学工业具有一定的权威性和影响力。近年来我一直阅读这本杂志，特别关注ICIS一年一度的创新奖评选活动。

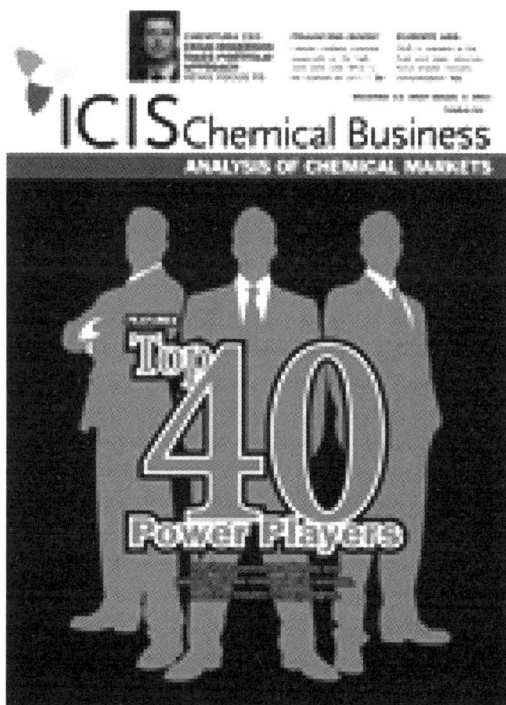

图9-1 《ICIS化学商情》杂志

自2005年起，ICIS每年颁发创新奖，由资深专家组成的评判小组评选。评判小组对参选技术的资格进行仔细审核，并根据商业影响、新颖性、为用户或社会提供的价值以及所解决问题的难易程度等进行评定。期望这一活动能促进化工行业的思考，激励创新的产生。

9.2.1　最佳产品创新奖

2009年最佳产品创新奖奖给法国CECA有限公司开发的生产沥青的表面活性剂配方（图9-2）。通常，当5.95%沥青与碎石混合后会极为黏稠，不得不加热来使其混合均匀。加入表面活性剂配方后，所需温度可从180℃降至140℃，节能高达50%，同时改善工作环境与减少环境污染。关键是表面活性剂控制了沥青与碎石块的表面，减少了内部摩擦。使用新表面活性剂配方后，可以夜间施工，减少对交通运输的影响，增加回收沥青铺道块的使用，降低成本。表面活性剂是用60%以上的可再生资源为原料来生产的[133]。

图9-2　利用CECA发明的沥青表面活性剂大大改善了环境污染

2010年度最佳产品创新奖授予印度Tata化学公司发明的一种新型价廉饮用水净化器（图9-3）。这款净化器采用了一种由稻壳制备的、含氧化硅的活性炭，其能脱除水中80%的细菌，后又将纳米银粒子载在活性炭表面上，大大提高脱除细菌效率，使饮用水质达到美国环保署标准。所用吸附剂寿命可供5～6口人的家庭使用半年。生产这种饮用水每升只需0.22美元。它防止细菌引起疾病，不需电源，适宜于不发达地区使用，再次显示了企业的社会责任[81]。

2011年最佳产品创新奖授予日本帝人（Teijin）集团，它发明了可大规模生产的碳纤维强化塑料，用于汽车制造（图9-4）。帝人集团采用热塑性树脂代替常用的热固性树脂，使切割产品时间减少到1min以内，使它和其他组件结合到一起，并将这些组件键合到类似钢等材料上。该材料的商业应用可以大大减轻汽车的重量，从而提高燃油效率，减少二氧化碳排放[134]。

图9-3 新型价廉饮用水净化器

图9-4 Teijin集团开发的新材料汽车

9.2.2 中小企业最佳创新奖

2011年中小企业最佳创新奖授予新西兰LanzaTech生物技术公司。成立于2005年的LanzaTech是以多种低值、大宗气体为原料（包括工业废气、城市废物或生物质合成气），低成本地生产燃料乙醇和其他高附加值化学品的公司。该公司开发了一种利用CO和CO$_2$的废弃气体的沼气发酵工艺来生产燃料和高价值化学品。沼气发酵技术通过改性细菌将富含一氧化碳和氢气的气体转化为乙醇和2,3-丁二醇。炼钢过程中产生的废气，是LanzaTech用于生产燃料和化学品技术的极好原料。该技术首先在中国宝钢建设了一条300t/a的工业示范装置[135]（图9-5）。

图9-5 位于钢厂的工业示范装置

9.2.3 营销创新奖

2009年度营销创新奖授予荷兰DSM公司所发明的一种玻璃涂层技术，常规销售是把涂层配方产品销售给玻璃制造商。创新的营销方法是将涂层配方用于DSM品牌镜框玻璃产品（图9-6），在1500个品

牌镜框店、15个欧洲国家销售，配方有了销售量后，随即建立工厂生产。更为重要的是，由于有了这样一个新配方产品，即为开拓更大市场的太阳能电池导电件玻璃涂层准备了条件[133]。

图9-6　采用新涂层配方的DSM品牌镜框玻璃

2010年营销创新奖授予亨斯迈（Huntsman）公司，亨斯迈公司二十多年来一直是树脂的供应商，用于立体平版印刷，用激光固化环氧光聚物三维成型。其树脂销售额已达10.6亿美元，市场已达饱和，如要继续增长，必须另辟蹊径。公司决定从一个化学供应商转向为用户整体服务，于是组织化学家、工程师、销售人员一起来研究一个整体方案。2008年年底，推出环氧树脂系统（图9-7），这是一个"全新曝光系统，由计算机控制的微机械快门系统"。这样就大大拓展了树脂的销售市场[81]。

图9-7　Huntsman公司环氧树脂系统

135

　　2011年最佳营销奖授予法国从事生物材料加工的生物安培公司（Bioamber）。它采用开放的创新模式与伙伴合作共同促进生物琥珀酸的商业化，与日本三井化学公司（Mitsubishi Chemical）各自发挥所长，合作在加拿大的Sarnia建立生产设备，计划于2013年生产1.7万吨生物基琥珀酸。它拥有专利的生产技术平台，将工业生物技术和催化剂结合，把可再生的原料转化成化学品，从而减少了对石油的依赖，降低了成本[134]。

图9-8　塔塔公司在印度进行的高碱低洼地绿化项目

9.2.4　企业社会责任创新奖

　　2009年度企业社会责任创新奖，由印度塔塔化学公司（Tata）的"没有灰尘的未来（Dust-free Future）项目"获得。该项目解决了印度西海岸30英亩高碱、高盐分的低洼地粉尘飞扬影响居民生活的问题（图9-8）。原来工厂排放的大量废弃物，只能堆放，为防止粉尘飞扬，每天要喷海水润湿，因此形成了30亩高碱、高盐分的低洼地。由于生产发展、人口增加，住宅日益靠近化工厂，这片盐碱地影响了居民的生活。工厂因此成立专门机构研究选择树种，分离出适合的

树种，在这些高碱低洼地上植树、种草，目前已有20英亩绿化成功，同时还创造了12 ~ 15个就业岗位。工厂开发成功利用分离出废水中固体来生产水泥，并资助附近社区教育、医疗和发展生产[133]。

9.2.5 最佳环保效益创新奖

2010年最佳环保效益创新奖（The Innovation with Best Environmental Benefit）授予东丽纤维公司（Teijin Fiber）ECO CIRCLE系统。它回收聚酯废弃物（服装、饮料瓶）等，进行粉碎和化学处理；在化学处理过程中，除去各种杂质，最后分解为聚酯原料，利用这种原料生产聚酯衣物（图9-9）。该方法不再使用石油为原料，且与石油为原料生产聚酯的工艺相比，节省能耗84%，减少CO_2排放77%[81]。

图9-9　东丽纤维公司采用回收聚酯生产的衣服

2011年最佳环保效益创新奖授予诺莫门公司（Novomer）。这家公司利用二氧化碳研制出了一系列的高性能、可分解的塑料和聚合物，已在中型规模装置生产聚丙烯碳酸酯（PPC）并成功应用。它的聚合物生产过程中最关键的因素是金属催化剂，如β-二亚胺乙酸锌，它将CO_2等温室气体分子转变成液体环氧化物。这项创新项目使威胁气候的碳污染转化成经济效益[134]。

9.3 发展战略咨询和规划的创新奖

9.3.1 2010年CRA国际咨询公司获得ICIS创新奖简介[81]

2010年美国CRA国际咨询公司获得ICIS创新奖。美国CRA国际咨询公司认为化学公司应从大处着想，顺应整个社会发展大趋势增加长远性创新的投入，同时，公司应进行管理创新，保证高水平的创新思想加以实施走上实用之路。

CRA国际咨询公司认为企业应有三个层次科研安排：①近期，主要为工艺过程改进、提高效率以降低成本；②中期，4～5年内完成，为现有市场开发新产品；③长期，追求10年以后，或更长时间的创新。

CRA提出了应根据社会和工业发展的主要趋势，如能效、运输、水和食物短缺等。重新安排创新思路来迎接挑战和机遇。

CRA列举了三个公司在企业发展方面的长远创新设想与技术开发措施。

① 道化学公司在能源领域，更集中于建筑的高能效标准和使用可再生能源，同时在运输、保健与营养消费领域积极部署。

② 荷兰DSM在如何选择创新点上，主要基于现有市场营销与科研能力，考虑与公司优先发展战略紧密配合，确信这样就能带来更多商业机会和产生正面效益的领域，他们选择了生物材料、专用填充物、个人营养、白色生物技术等研究领域。

③ 德国创赢公司（Evonik Industries）面向发展趋势，建立了"科学—商务"技术中心，同时还建立了下列技术平台：

生物中心（Bio-Center）——从天然原料，开发生物制造技术来生产产品。

纳米电子中心（Nanotronics Center）——从纳米材料，开发整体方案来解决电子应用问题。

工艺强化部（Process Intensification Project House）——建有灵活的生产设备，研发精细化工产品制造中的工艺策略和反应器构思。

9.3.2 2010年美国道科宁（Dow Corning）公司获得 ICIS创新奖简介[81]

道科宁公司指导创新的要点是：

① 研发关注社会经济发展大趋势的多个领域，包括：碳排放与捕集、水的安全供应、减少能耗和开发替代能源、健康、营养等。

② 根据社会大趋势，针对一些选择出的市场，优先部署研发与投资。

③ 加快速度是创新的关键，不能全靠自己研发，要与用户、高等院校、其他科研单位等合作。

④ 安排科研要在不同时间段推出产品，保持好短期科研与长远基础研究的布局。

⑤ 不能只限于产品，还要有构建新业务的模式和过程，以及服务模式。

在构建新业务的模式和过程中，道科宁公司业务部门分为两部分。一个是Xiamer部门，负责其7000个产品中的2100种定型产品的生产与销售，着力提高生产效率。例如建立了低成本上网产品。

另一个是道科宁部门，专门负责高成长率、高利润产品的研发和商业化。由于太阳能工业的发展，为多晶硅带来巨大需求。一些用户愿意合资建设工厂，合作研发，以保证未来的供应；进入新兴市场，如在中国与瓦克（Wacker）合资建立了工厂。同时不断改进现有产品，如制造更薄的硅片，用于固体LED照明。

另外，在非洲，道科宁公司向农民租赁光伏发电设备提供电能，包括给抽水泵等，在发电后，抽来饮用水，再抽水灌溉农田，几年后农产品增收，农民日渐富裕起来。这时道科宁公司再向农民回收租赁光伏发电设备的费用。

由上可见，道科宁公司的新兴产品发展战略是基于世界社会经济发展大趋势中替代能源的需求。根据自身在多晶硅领域的技术和销售优势，采取不同的经营和销售模式，不断地研发原始性创新技术，最后形成自己在全球市场中的优势。

9.3.3　企业"转型成功"的范例

2003年10月7日杜邦公司总裁哈里德C.Holiday 获得美国国际企业联合会（United　States Council for International Business）荣誉奖励，表彰在他领导下，杜邦由化学工业公司（Chemical Industries Co.）转为市场驱动的科学公司（A Market –Driven Science Co.）。杜邦公司被认为是美国"转型"最成功的企业，其成功的经验值得探讨[135]。

（1）杜邦口号

由"通过化学，提供优质产品，开创美好生活（Better Things for Better Living through Chemistry）"转为"创造科学奇迹（The Miracles of Science）"。

杜邦认为要从世界发展大趋势出发，制定发展战略，推动科学发展，不断发明创新。

① 随着世界人口的不断增长，需要增加食品产量和提供更多的优质食物，因此，要在农业和营养领域开展研究，研究农业种子、机械化收获、食物与营养品、食物包装材料等。

② 为了减少对石油的依赖，减少温室气体CO_2的排放，减少汽车尾气等对空气的污染，需要开发替代能源，包括燃料电池组件，高能效Tyvek®材料、轻质聚合物、生物燃料、生物材料等。

③ 为了保护人民生命和保护环境，开发了劳动保护用的Kevlar®、Nomex®，开展安保服务，开发环保材料SentryGlas®。

④ 由于中国、印度、巴西等新兴国家的兴起，人口众多，将是世界广阔的销售市场，因此要开展所需的农产品、建筑和内构专业用材料、涂料、光伏电池和食品包装。

（2）1998～2002年重组前的杜邦

据2002年4月8日"化学市场报道（Chemical Market Reporter）"报道：杜邦从1998年至2002年业务的资产约值500亿美元，业务多元化，多种领域经营，同时投资也多种方式，有独资、合资、参股企业等。这段时期，其经营的业务领域有：炼油企业、化学品和颜料、尼龙合成纤维、聚酯、制药、农业和营养、功能涂料、专用聚合物等。

（3）2002年杜邦的重组

如何去重组？

2002年，杜邦宣布根据市场和技术重组业务，建立纺织品和室内装饰子公司。

在这次重组前，杜邦领导层先问自己三个问题：①杜邦在哪一领域实力最强？②何处最有销售市场机会？③我们是否有人才去开拓这些机会？

经过一年多的周密调查和深思熟虑，杜邦认为：①近期杜邦的业务平台要依赖传统的化学；②杜邦已有世界最大生物技术科研计划，未来将更多依靠生物技术。

同时他们执行了下列重组原则：

① 重组要符合长远战略与发展方向；

② 成长平台的技术内容要能尽快实施，充分发挥发明的作用和提升股票的价值；

141

③ 成长平台的组织要考虑公司的能力和市场机会，要从公司的科研技术、产品与品牌、市场容量、创新的收益高低等四个方面进行评估；

④ 要制订新的兼并和收购企业的计划；

⑤ 要割离退出的产业，如石油炼制，化纤等。

重组的目标

对于重组，杜邦认为，作为市场驱动的科学公司，要求自己做到①对于用户的要求，比竞争对手反应更快、更好；②在资源受限制的今天，要给用户提供可持续发展的方案。

同时，成立"创新中心"（Innovation Center），将科研与销售人员集中到一起，深入弄清用户要求，组织化学与生物专家解决问题。

重组后的杜邦发展平台

• 电子和通信技术——年销售额为27亿美元。包括电子显示和成像技术、氟化学部（包括氟聚合物、氟化工和燃料电池），是全球最大的电子材料制造商。

• 杜邦高性能材料——年销售额为47亿美元。包括工程塑料、包装材料和工业聚合物、杜邦 - 陶氏弹性体和杜邦 - 帝人薄膜，专注于杜邦占据优势的高性能行业。

• 涂层材料和色彩技术——年销售额为49亿美元。包括高性能涂料、白色涂料（杜邦钛白粉事业部）、矿物产品。

• 安全和防护——年销售额为28亿美元。包括防弹、防火材料、建筑保护材料、玻璃夹层、耐硬表面材料，重点发展杜邦占有绝对优势的安全保安防护产品。

• 农业与营养——年销售额为43亿美元。包括杜邦植物保护部、先锋种子公司、杜邦营养和健康部（包括杜邦蛋白技术部和杜邦Qualicon公司）。重点发展杜邦在保护植物化学品、种子、生物科技、食品营养和安全方面的优势。

（4）2009年度的杜邦市场驱动科学

2009年杜邦公司市场收入262亿美元。各分公司贡献如图9-10所示。

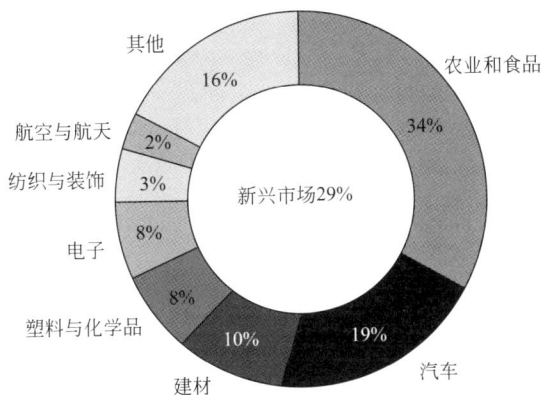

图9-10　2009年杜邦公司各分公司贡献分布

（5）杜邦"转身"后的收获

杜邦成为市场驱动的科学公司后，与2000年相比，新产品销售占总销售38.5%以上。每年批准美国专利、商业化新产品如图9-11所示。

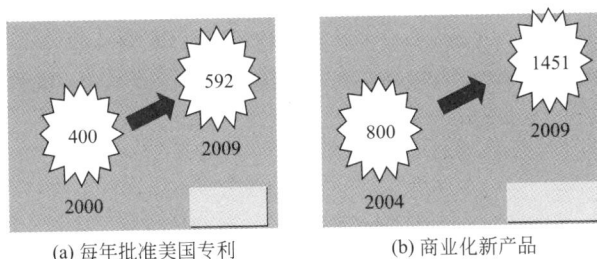

(a) 每年批准美国专利　　(b) 商业化新产品

图9-11　杜邦"转身"后专利和新产品增长的变化

9.4　原始创新形成新兴产业的启示

① 首先要分析世界社会经济大趋势中，哪些对企业未来的发展

最为重要？

②针对选出的社会经济发展大趋势，深入分析需要研发的技术发明和原始创新。

③如何去开展上述工作，需要三思而行，周密调查和深思熟虑，考虑好"何处是企业最强的实力？何处最有市场销售机会？企业是否有人力去开拓这些机会？然后确定去实现的途径，是自己组织力量研发？是与外部合作研发？对于自己薄弱的环节，也就是自己没有人力去开拓的部分，兼并有实力的研发单位或者参股。还有很重要的一条，就是现有企业中，与上述发展战略不相符合的已有研发项目要停下来，转移人才。

④企业转型是一个重组的过程，要先易后难，先选择那些已有研发和销售基础的领域、创造发明带来利润最高的领域，也要在为股东带来更多红利的领域先下手。

⑤要组织好技术平台，充实和完善已有技术平台；立刻建设新的技术平台，这样才有可能在5～10年后实现目标。

⑥创新要全方位进行，不只是产品和制造工艺创新，还要销售创新、社会责任创新、环保创新、规划创新和咨询创新等。

⑦充分认识转型的风险，科技发展日新月异的今天，新技术不断出现，金融危机、社会危机，都会影响科技发展和销售市场，因此"转型"计划要与时俱进，及时调整。

第十章

各尽所能，发挥团队精神，克服挫折失败，坚持到底——《西游记》主题歌的启示

我很喜欢电视剧《西游记》的主题歌（图10-1）。

你挑着担，我牵着马，迎来日出送走晚霞。踏平坎坷成大道，斗罢艰险又出发，又出发。
你挑着担，我牵着马，翻山涉水两肩霜花，风云雷电任叱咤，一路豪歌向天涯，向天涯。
啦……啦……一番番春秋冬夏，一场场酸甜苦辣。敢问路在何方，路在脚下。

图10-1　电视剧《西游记》剧照和主题歌

这里面有两种精神，一是"你挑着担，我牵着马"的各尽所能的团队精神；另一是"迎来日出送走晚霞。踏平坎坷成大道，斗罢艰险又出发，又出发"、"翻山涉水两肩霜花，风云雷电任叱咤"和"一番番春秋冬夏，一场场酸甜苦辣"的坚持到底的精神。这就是我们走自主创新之路，攀登科技高峰不可缺少的。

引用国学大师王国维关于"学问三境界"的论述，北京理工大学周立伟院士提出了创造四阶段的论述，对于科研的开展，很有启发，使我深受教益，介绍于下：

第一境界：昨夜西风凋碧树，独上高楼，望尽天涯路。

科研的准备阶段：迎着困难，勇于攀登，高瞻远瞩，苦苦思索。

第二境界：衣带渐宽终不悔，为伊消得人憔悴。

科研的探索阶段：追求真理，百折不挠，无论多大挫折，终不后退，冥思苦想，孜孜以求。

第三境界：众里寻他千百度，蓦然回首，那人却在，灯火阑珊处。

科研豁朗阶段：几经艰苦奋斗，突然受到启发，恍然大悟，茅塞

顿开，灵感突现。

第四境界：行到水穷处，坐看云起时。

科研的验证阶段：实践检验、理论升华，创造性思维豁然贯通，仅是端倪初露，尚要验证、发展和加工扬弃。

在2005年"非晶态合金催化剂和磁稳定床反应工艺的创新与集成"获得国家科学技术发明一等奖后，我也回味了二十年来的酸甜苦辣，我们的感受是：

> 市场需求、好奇驱动、苦苦思索、趣味无穷；
>
> 灵感突现、豁然开朗、发现创新、十分快乐；
>
> 高兴之余、烦恼又起、或为人员、或为条件；
>
> 还有试验挫折，好似吃"麻辣烫"，又辣又爱，
>
> 坚持下去，终获成果。

这些过程，都说明技术自主创新，必须要有崇高的理想和坚定的信心，还要有克服困难、不怕失败、坚持到底的精神。

第十一章

创新来自联想，联想源于博学广识和集体
智慧——与画家一席谈的启示

  2003年，我与来自四川重庆的画家古月闲谈四川民国初年的往事，出于对美术创作的好奇，我问他："您在绘画中是如何创新的？"。他告诉我要广泛写生，四川的名山大川如峨眉山、青城山、都江堰、三峡等，他都去过多次。他在创作一幅画时，就会把在这些写生中所见的险峻的奇峰、陡峭的崖壁、奔腾的江流、壮阔的瀑布等联想起来，组成他的创作。所以他归纳为创新来自联想。另外，他还送了我一册《古月画集》。古月为西南师范大学建筑艺术研究所所长。他的画集中，认为"艺术的力量源于深情的深度"。另外，"山水画必须给人以美"，要"大量临摹古代、近代和现代画坛大家的作品，从中汲取精华，游历名山大川，师法自然，将独特感受融入到作品之中。"这里经他同意，我把他的一份作品翻印如图11-1所示。

图11-1 通向远方的道路

  古月告诉我，这幅画并非具体写生，而是对西南众多索道的感悟，不仅表达了自己对祖国发展的欢欣，也同时表达了对边疆人民的祝福和寄语。在我看来，这画非常质朴，没有说教，没有喧哗，却蕴藏着时代的步伐和感人的乡土之情。

　　在这次看似平凡的对话之后，我也想到我们在技术研发中，也要博览古今中外的论文、专利、著作，汲取精华；醒悟清楚自己科研的起点是"详人之不详，补人之所缺，还是自主开拓创新"。我们不是去"游历名山大川，师法自然"，而是到国家政府部门、技术市场、企业工厂、产品用户中去了解国家和市场需求，然后去设想为当前技术服务、开发下一代产品、工艺和开辟新兴技术需要开展的课题。

　　受他的启发，我开始联想，在我们科研中，从选择课题开始，确定研究方案，开展实验研究，进行中型试验，最后到工业示范，推广应用，需要有哪些信息来联想？最后归纳有：

　　① 市场需求信息；

　　② 新催化材料信息；

　　③ 新反应工程信息；

　　④ 新反应或反应新应用信息；

　　⑤ 科研开发的经验教训；

　　⑥ 相关交叉学科、专业的信息；

　　⑦ 开展导向性基础研究，积累新科学技术知识，帮助去形成新构思，然后开展新技术的开拓性探索，这是自主创新的关键一步。

　　通过上述的思考，使我认识**创新来自联想，联想源于博学广识和集体智慧！**

151

参考文献

[1] Roth J F. Catalytic Science and Technology, 1991, 1：3.

[2] ［美］菲利普 A.劳塞尔. 第三代研发. 赵凤山等译. 北京：机械工业出版社，2003.

[3] Panel on New Directions in Catalytic Science and Technology. Catalysis Look to the Future. Washington D C：The National Academy Press, 1992.

[4] Anderson E V. C & EN, 1991, 69（41）：15.

[5] Haggin J. C & EN, 1993, 71（22）：23.

[6] Easlwood S C, Drew R D, Hartzell F D. Oil & Gas, 1962, 66 (44)：152.

[7] 闵恩泽. 中国科学院院士通讯，2006（4）：21-26.

[8] 闵恩泽著. 工业催化剂的研制与开发——我的实践与探索. 北京：中国石化出版社，1995.

[9] Jahnig C E, Martin H Z, Campbell D L. The Development of Fluid Catalytic Cracking, Heterogeneous Catalysis Selected American Histories, ACS Symposium Series 222. Washington DC: American Chemical Society, 1983:273-291.

[10] ［美］美国国家研究委员会，化学科学与技术部，催化科学技术新方向专家组著. 催化展望. 熊国兴，陈德安译. 北京：北京大学出版社，1993.

[11] Pines H. Chemtech, 1982, 12(3):150.

[12] Richard F Sullivan, John W Scott. The Development of Hydrocracking, Heterogeneous Catalysis Selected American Histories, ACS Symposium Series 222. Washington D C: American Chemical Society, 1983：294-313.

[13] Vladimir Haensel. The Developing of the Platforming Process-Some Personal and Catalytic Recollections. Heterogeneous Catalysis Selected American Histories, ACS Symposium Series 222. Washington DC：American Chemical Society, 1983：141-151.

[14] Charles J Plank. The Invention of Zeolite Cracking Catalysts-A Personal Viewpoint. Heterogeneous Catalysis Selected American Histories, ACS Symposium Series 222. Washington DC: American Chemical Society, 1983:253-271.

[15] Blanding F H. I E C, 1953, 45(6)：1186.

[16] Dickey F H. Proc Nat Acad Sci US, 1949, 35(5)：227.

[17] Pauling L. Chem Eng News, 1949, 27(13)：913.

[18] Weisz P B. Chemtech, 1963, 3(8)：498.

[19] Weisz P B, Frilette V J. J Phys Chem, 1960, 64(3)：382.

[20] Elliott L M, Eantwood S C. Oil & Gas, 1962, 60：142.

[21] Plank C J, Rosinski E J. US 3146249.

[22] Chen N Y. Ind Eng Chem Res, 2001, 40(20)：4157-4161.

[23] Huang Y Y, Nicoletti M P, Sailor R A. The Mobil Selective Toluene Disproportionation

Process. De Witt Petrochem Rev, 1990.

[24] Chen N Y. The Reactions of Mixtures of Toluene and Methanol over ZSM-5. J Catal, 1988, 114 : 17.

[25] Chen N Y, Weisz P B. Molecular Engineering of Shape-Selective Catalysts. Chem Eng Prog Symp Ser, No.73. 1967, 63 : 86.

[26] Wei J A. Mathematical Theory of Enhanced para-Xylene Selectivity in Molecular Sieve Catalysts. J Catal, 1982, 76 : 433.

[27] Milton R M. Molecular Sieve Adsorbents. U S Patent 2882243, 1959.

[28] Milton R M. Molecular Sieve Science and Technology : A Historical Perspective. ACS Symp Ser, 1989, 398 : 1.

[29] Weisz P B, Frilette V J. Intracrystalline and Molecular-Shape-Selective Catalysis by Zeolite Salts. J Phys Chem, 1960, 64 : 382.

[30] Weisz P B. Selective Cracking of Aliphatic Hydrocarbons. U S Patent 2950240, 1960.

[31] Frilette V J, Maatman R W.Process for Preparing a Platinum Metal-Crystalline Zeolite Catalyst. U S Patent 3226339, 1965.

[32] Kraushaar B, Van Hooff J H C. Catal Lett, 1988, 1 : 81.

[33] Taramasso M, Perego G, Notari B. US Patent 4 410 501, 1983.

[34] Reddy J S, Kumar R, Ratnasamy P. Appl Catal, 1990, 58 : L1.

[35] Camblor M A, Corma A, Martinez A. J Chem Soc Chem Commun, 1992 : 589.

[36] Corma A, Navarro M T, Perez-Pariente J. J Chem Soc Chem Commun, 1994 : 147.

[37] Koyano K A, Tatsumi T. J Chem Soc Chem Commun, 1996 : 145.

[38] Tanev P T, Chibwe M, Pinnavaia T J. Nature, 1994, 368 : 321.

[39] Gontier S, Tuel A. Stud Surf Sci Catal, 1991, 67 : 243.

[40] Bagshaw S A, Prouzet E, Pinnavaia T J. Science, 1995, 269 : 1242.

[41] Huybrechts D R C, De Bruycker L, Jacobs P A. Nature, 1990, 345 : 240.

[42] Venuto P B. Stud Surf Sci Catal, 1997, 105 : 811.

[43] The Presidential Green Chemistry Challenge Award Recipient. 2010 Greener Synthetic Pathways Award : Innovative, Environmentally Benign Production of Propylene Oxide via Hydrogen Peroxide. USA : Environmental Protection Agency, 2011.

[44] Gerald Ondrey. Seven companies are honored for innovation in chemical engineering. Chemical Engineering, 2009, 12 : 17-21.

[45] Schriesheim A. The Charles D Hurd Lectures. Northwestern University, 1979~1980 : 23.

[46] McHenry D. The Charles D Hurd Lectures. Northwestern University, 1979~1980 : 46.

[47] Hoy K L. Chemtech, 1984, 14(7) : 414.

[48] Research-on-Research Committee. Research Management, 1983, 26(6) : 9.

153

［49］Shabtai J, Lazar R, Oblad A G. Acids forms of gross-linked smectites- A novel type of cracking catalysts // Seiyama T, Tanabe K eds. Proceding of the 7th. International Congress on Catalysis. Amsterdam: Elsevier Scientific Publishing Company. 1981：828.

［50］王知群. 一种高活性层柱分子筛加氢催化裂化催化剂的开拓研制［博士学位论文］. 北京：石油化工科学研究院，1985.

［51］He Mingyuan, Liu Zhonghui, Min Enze. Catalysis Today, 1988, 2(2～3)：321.

［52］Min Enze. Development of pillared clays for Industrial catalysis // Hattori t, yashima T eds. Zeolites and microporous crystals. Tokyo:kodansha Ltd, Elsevier Science B V, 1994：443.

［53］Wang Zhiqun, Min Enze eds. Program and abstracts for second China- U.S. -Japan symposium on heterogeneous catalysis, 1985,B12

［54］Guan jingjie, Min Enze, Yu zhiqing. High Stable Goss-Linked Rectorite Product -A Novel Type of Cracking Catalyst // Phillips M J, Teman M eds. Proceedings 9th International Congress on Catalysis. Calgary: The Chemical Institute of Canada, 1988：104.

［55］关景杰，闵恩泽，虞至庆. CN 86101990A，1987.

［56］Guan Jingjie, Min Enze, Yu Zhiqing. Class of Pillared Interlayered Clay Molecular Sieve Products with Regularly Interstratified Mineral Structure. EP 197012, 1986.

［57］Guan Jingjie, Min Enze, Yu Zhiiqing. US 4757040, 1986.

［58］Uaughan D E W. Catalysis Today, 1988, 2(2～3)：187-194.

［59］He Mingyuan, Shu Xingtian, Fu Wei. A chemically modified MFI type zeolite-ZRP- Characteristics and performance. Proceeding of fifth China-Japan joint seminar on research and technology for petroleum refining. Jiujiang, China: The Chinese Petroleum society, The Japan Petroleum Institute, 1994：77.

［60］付维，舒兴田，祝惠华，何鸣元. CN90104732. 5, 1990-7-23.

［61］Smith G V, Brower W E etal. Metallic glasses: new catalyst systems. Tokyo：Proc Int Congr Catal 7th, 1980, 355.

［62］宗保宁，闵恩泽，董树忠，邓景发. 化学学报，1989, 47：1052-1055.

［63］宗保宁. 稀土Ni-P非晶态合金催化剂加氢新材料［博士学位论文］. 北京：石油化工科学研究院，1991.

［64］宗保宁，闵恩泽，朱永山. CN91111807. 1, 1991-12-24.

［65］宗保宁，闵恩泽，王正国，陈桦，张迪倡. CN1146443A, 1995-9-26.

［66］慕旭宏，宗保宁，闵恩泽. CN1152457A, 1995-12-10.

［67］慕旭宏，王宣，宗保宁，闵恩泽. CN00105686. 7, 2000-04-18.

［68］Hu H R, Qiao M H, Wang S, Fan K N, Li H X, Zong B N, Zhang X X. Structural and catalytic properties of skeletal Ni catalyst prepared from the rapidly quenched Ni50Al50 alloy. J Catal, 2004, 221 (2)：612-618.

154

［69］王基铭，袁晴棠主编.石油化工技术进展.北京：中国石化出版社，2002：702.

［70］杜宏伟.Ti-Si，V-Si分子筛合成新方法的研究［博士学位论文］.北京：石油化工科学研究院，1996.

［71］杜宏伟，刘冠华，闵恩泽.一种钛硅分子筛(TS-2)的制备方法.CN96106315.7，1996-06-05.

［72］杜宏伟，刘冠华，闵恩泽.一种钛硅分子筛(TS-1)的制备方法.CN96106316.5，1996-06-05.

［73］程时标，金泽明，吴巍，闵恩泽.TS-1分子筛晶化作用过程的研究.催化学报，1999，20：134.

［74］程时标.钛硅-1分子筛的合成、表征及其环己酮氨氧化催化性能［博士后出站报告］.北京：石油化工科学研究院，1998.

［75］林民，舒兴田，汪燮卿.钛硅分子筛合成配方模型的研究.石油学报(石油加工)，1998(4).

［76］林民，舒兴田，汪燮卿.钛硅分子筛合成影响因素研究.石油学报(石油加工)，1999(1).

［77］闵恩泽，李成岳等.绿色石化技术的科学与工程基础.北京：中国石化出版社，2002.

［78］何鸣元.石油炼制与基本有机化学品合成的绿色化学.北京：中国石化出版社，2006.

［79］The Presidential Green Chemistry Challenge Award Recipient. 2004 Academic Award：Benign Tunable Solvents Coupling Reaction and Separation Processes. USA：Environmental Protection Agency, 2001.

［80］The Presidential Green Chemistry Challenge Award Recipient. 2011 Greener Reaction Conditions Award：NEXAR[TM] Polymer Membrane Technology. USA：Environmental Protection Agency, 2011.

［81］ICIS Chemical Business (www.icis.com)，2010, October 11-17.

［82］单志平.分子筛/不锈钢催化精馏元件制备的研究［博士学位论文］.北京：石油化工科学研究院，1994.

［83］温朗友.悬浮床催化蒸馏新工艺的开拓研究［博士学位论文］.北京：石油化工科学研究院，1998.

［84］温朗友，闵恩泽，庞桂赐等.悬浮催化蒸馏新工艺合成异丙苯.化工学报，2000，51（1）：115-119.

［85］温朗友.合成直链烷基苯催化剂及悬浮床催化蒸馏工艺的研究［博士后出站报告］.北京：中国石油大学（北京），2000.

［86］闵恩泽，孟祥堃，温朗友.石油炼制与化工，2001，32（9）：1-6.

［87］Liu Y A，Hamby R K，Colberg R D.Powder Technology, 1991，64：3.

［88］Tuthil E J. US Patent 3440731, 1969.

［89］Katz H, Sears J T. Can J Chem Eng, 1969, 47：50.

［90］Rosensweig R E. Science, 1987, 204：57.

［91］Kwauk M S, Ma X H, Ouyang F, Wu Y X, Weng D C, Cheng L N. Chem Eng Sci, 1992, 47：3467.

［92］慕旭宏，王宣，汪颖，宗保宁，闵恩泽. CN99106165. 9, 1999-04-19.

［93］慕旭宏，王宣，孟祥坤，宗保宁，闵恩泽，于伟. CN99106167. 5, 1999-4-29.

［94］朱泽华. 磁稳定床反应器中己内酰胺加氢精制过程研究［博士学位论文］. 北京：石油化工科学研究院，2004.

［95］孟祥堃，慕旭宏，江雨生，宗保宁，闵恩泽. 化工学报，2004, 55(1)：134.

［96］孟祥堃，朱泽华，慕旭宏，宗保宁，闵恩泽. 石油学报（石油加工），2005, 21(1)：1.

［97］孟祥堃，宗保宁，慕旭宏. 化学反应工程与工艺，2002, 18(1)：26-30.

［98］Xiangkun Meng, Xuhong Mu, Baoning Zong, Enze Min, Zehua Zhu, Songbao Fu, Yaobang Luo. Catalysis Today, 2003, 79-80(1)：21-27.

［99］徐南平，邢卫红，赵宜江. 无机膜分离技术与应用. 北京：化学工业出版社，2003.

［100］吴巍. HTS分子筛催化环己酮氨肟化反应过程［博士学位论文］. 北京：石油化工科学研究院，2010.

［101］孙斌，吴巍，王恩泉. 一种含钛催化剂的再生方法. CN1461671 A, 2003-12-17.

［102］李永祥. 一种环己酮肟的制备方法. CN200610089035. 2, 2006-7-31.

［103］李永祥. 一体化反应分离设备. CN200610089038. 6, 2006-7-31.

［104］闵恩泽，张利雄. 生物柴油产业链的开拓——生物柴油炼油化工厂. 中国石化出版社，2006：80-81.

［105］闵恩泽，杜泽学. 我国生物柴油产业发展的探讨. 中国工程科学，2010, 12（2）：1-5.

［106］杜泽学，王海京，陈艳凤. SRCA工艺在棕榈油生产生物柴油上的应用. 石油学报（石油加工），2010增刊：229.

［107］杜泽学，王海京，江雨生. 采用废弃油脂生产生物柴油的SRCA技术工业应用及其生命周期分析. 石油学报（石油加工），2012, 28（3）：353.

［108］曾建立. 近临界生物柴油产品酸值影响规律的研究［博士后出站报告］. 北京：石油化工科学研究院，2011.

［109］姚志龙. 脂肪酸甲酯超临界加氢制备脂肪醇新工艺［博士学位论文］. 北京：石油化工科学研究院，2009.

［110］Banks R L. Division of Petroleum Chemistry. American Chemical Society, 1979, 24(2)：150.

［111］Davis B H, Hettinger W P. Heterogeneous Catalysis Selected American Histories, ACS Symposium Series 222. Washington DC: American Chemical Society, 1983：403.

156

［112］夏国富，朱玫，聂红，石亚华. 石油炼制与化工，2001, 32(1)：12-15.

［113］杨克勇，庞桂赐，李燕秋，夏国富. 石油炼制与化工，2000, 31(12)：28-32.

［114］闵恩泽. 己内酰胺成套绿色技术开发中技术创新方法的启示. 北京：第四届中国科学家论坛，2005.

［115］闵恩泽. 从石化催化技术成功案例探寻自主创新之路. 北京：中国科学院第十三次院士大会报告，2006.

［116］何鸣元. 石油炼制与基本有机化学品合成的绿色化学. 北京：中国石化出版社，2006.

［117］Clark J H, Lancaster M, Clark J H, etal. Green Chemistry: The path to a sustainable, competitive chemical industry. Chinese Journal of Nature, 2000, 22 (1)：1-6.

［118］The Presidential Green Chemistry Challenge Award Recipient. 1998 Academic Award: The Development of the Concept of Atom Economy. USA: Environmental Protection Agency, 2011.

［119］The Presidential Green Chemistry Challenge Award Recipient. 1996 Academic Award: Conversion of Waste Biomass to Animal Feed, Chemicals, and Fuels. USA: Environmental Protection Agency, 2011.

［120］The Presidential Green Chemistry Challenge Award Recipient. 1999 Small Business Award: Conversion of Low-Cost Biomass Wastes to Levulinic Acid and Derivatives. USA: Environmental Protection Agency, 2011.

［121］The Presidential Green Chemistry Challenge Award Recipient. 2005 Small Business Award: Producing Nature's Plastics Using Biotechnology. USA: Environmental Protection Agency, 2011.

［122］The Presidential Green Chemistry Challenge Award Recipient. 2011 Small Business Award: Integrated Production and Downstream Applications of Biobased Succinic Acid. USA: Environmental Protection Agency, 2011.

［123］The Presidential Green Chemistry Challenge Award Recipient. 2000 Academic Award: Enzymes in Large-Scale Organic Synthesis. USA: Environmental Protection Agency, 2011.

［124］The Presidential Green Chemistry Challenge Award Recipient. 1998 Greener Reaction Conditions Award: Novel Membrane-Based Process for Producing Lactate Esters-Nontoxic Replacements for Halogenated and Toxic Solvents. USA: Environmental Protection Agency, 2011.

［125］The Presidential Green Chemistry Challenge Award Recipient. 2001 Greener Reaction Conditions Award: BioPreparation™ of Cotton Textiles: A Cost-Effective, Environmentally Compatible Preparation Process. USA: Environmental Protection Agency, 2011.

［126］The Presidential Green Chemistry Challenge Award Recipient. 2003 Greener Reaction Conditions Award: Microbial Production of 1,3-Propanediol. USA: Environmental Protection Agency, 2011.

［127］The Presidential Green Chemistry Challenge Award Recipient. 2007 Greener Synthetic Pathways Award: Development and Commercial Application of Environmentally Friendly Adhesives for Wood Composites. USA: Environmental Protection Agency, 2011.

［128］The Presidential Green Chemistry Challenge Award Recipient. 2009 Greener Synthetic Pathways Award: A Solvent-Free Biocatalytic Process for Cosmetic and Personal Care Ingredients. USA: Environmental Protection Agency, 2011.

［129］The Presidential Green Chemistry Challenge Award Recipient. 2011 Greener Synthetic Pathways Award: Production of Basic Chemicals from Renewable Feedstocks at Lower Cost. USA: Environmental Protection Agency, 2011.

［130］The Presidential Green Chemistry Challenge Award Recipient. 1996 Designing Greener Chemicals Award: Designing an Environmentally Safe Marine Antifoulant. USA: Environmental Protection Agency, 2011.

［131］The Presidential Green Chemistry Challenge Award Recipient. 1998 Designing Greener Chemicals Award: Invention and Commercialization of a New Chemical Family of Insecticides Exemplified by CONFIRM[TM] Selective Caterpillar Control Agent and the Related Selective Insect Control Agents MACH 2[TM] and INTREPID[TM]. USA: Environmental Protection Agency, 2011.

［132］The Presidential Green Chemistry Challenge Award Recipient. 2011 Designing Greener Chemicals Award: Water-based Acrylic Alkyd Technology. USA: Environmental Protection Agency, 2011.

［133］ICIS Chemical Business (www.icis.com) , 2009，October 19-25.

［134］ICIS Chemical Business (www.icis.com) , 2011，October 17-23.

［135］Marc S reisch. Looking to 200. C&EN, 2003,9:11-14.